U0480935

大学科普丛书
第二辑 付梦印主编

Sugar & Civilisation

糖与文明
甘蔗如何塑造了我们的世界

张积森 ◎ 主编

科学出版社
北京

内 容 简 介

本书深入浅出地介绍了甘蔗的生物学特性及其重要性；分别阐述了甘蔗对世界和中国历史、文化、社会和经济发展等方面的影响；关注了甘蔗领域一些最新的研究成果；同时回顾了甘蔗制糖的发展历程，分析了糖对人类健康的影响。本书内容兼顾科普性和专业性，旨在为广大非专业读者介绍甘蔗的基本知识，无需相关的专业背景，就可以轻松了解甜蜜事业——与我们生活息息相关的甘蔗和糖。书中每篇文章聚焦一个主题，便于读者选择性阅读，同时为读者提供了全面了解甘蔗和糖的机会。

本书适合生物农林专业领域的研究人员、学生，广大对甘蔗、糖及其与人类社会发展的关系和历史感兴趣的读者阅读。

图书在版编目（CIP）数据

糖与文明：甘蔗如何塑造了我们的世界 / 张积森主编. -- 北京：科学出版社，2024.8. --（大学科普丛书）. -- ISBN 978-7-03-079147-4

Ⅰ. S566.1-49

中国国家版本馆 CIP 数据核字第 2024GA5687 号

丛书策划：侯俊琳
责任编辑：侯俊琳　唐　傲 / 责任校对：韩　杨
责任印制：师艳茹 / 封面设计：有道文化

科学出版社 出版
北京东黄城根北街16号
邮政编码：100717
http://www.sciencep.com

北京九州迅驰传媒文化有限公司印刷
科学出版社发行　各地新华书店经销

*

2024年8月第 一 版　　开本：720×1000　1/16
2025年1月第三次印刷　　印张：12 1/4
字数：195 000
定价：58.00 元
（如有印装质量问题，我社负责调换）

"大学科普丛书"第二辑编委会

顾　问（按姓氏笔画排序）

　　　　王　浚　王功恪　王泽山　王焰新　刘　兵
　　　　江晓原　芮筱亭　李　森　李元元　杨叔子
　　　　杨俊华　张洪程　钱林方　解思深　窦贤康
　　　　鲜学福　翟婉明　潘复生

主　任　潘复生
副主任　张卫国　张　宁　李　辉
委　员（按姓氏笔画排序）

　　　　王友芳　朱才朝　李成祥　肖亚成　吴兴刚
　　　　林君明　明　炬　罗仕伟　周泽扬　郑　磊
　　　　孟东方　胡　宁　姚昆仑　蔡开勇　薛兆弘

主　编　付梦印
副主编　靳　萍　沈家聪　郑英姿　侯俊琳　龚　俊
　　　　沈　健　王晓峰　曹　锋　佟书华
编　委（按姓氏笔画排序）

　　　　万　历　王　颂　王开成　王东坡　刘　珩
　　　　刘东升　齐　天　许鹏飞　孙桂芳　孙海涛
　　　　李克林　李轻舟　杨巧林　杨尚鸿　吴宝俊
　　　　张志军　张志强　郁秋亚　罗仕伟　周焕林
　　　　郑绪昌　赵序茅　胡志毅　胡晓珉　钱　斌
　　　　俱名扬　唐新华　程建敏　雷明星　腾文静

本书编委会

主　　编 张积森

编写组成员（按姓氏笔画排序）

　　　　万碑元　王天友　王绮昀　韦雨璇　石会红
　　　　庄　桂　齐浥颖　李艺寒　李　珍　余泽怀
　　　　张滢滢　周泽扬　郑　磊　孟东方　胡　宁
　　　　胡燕霞　姚昆仑　徐　益　高瑞婷　蔡开勇
　　　　薛兆弘

插画组成员（按姓氏笔画排序）

　　　　毛胜林　叶铖玺　代　伟　李柏南　杨　振
　　　　杨钱缘　陈艺苑　邵广斯　林雪儿　金佳琪
　　　　黄文涛　黄菲菲　梁　雄

总　序

在 2016 年 5 月 30 日召开的"科技三会"上，习近平总书记强调："科技创新、科学普及是实现创新发展的两翼，要把科学普及放在与科技创新同等重要的位置。"[①]这是党和政府在全面建成小康社会、实现第一个百年奋斗目标进程中，对科学普及重要性的定位。之后的 2018 年 9 月 17 日，习近平在给世界公众科学素质促进大会的贺信中再次强调："中国高度重视科学普及，不断提高广大人民科学文化素质。中国积极同世界各国开展科普交流，分享增强人民科学素质的经验做法，以推动共享发展成果、共建繁荣世界。"[②]贺信中指出，做好中国科普工作对推动构建人类命运共同体具有重大意义。

如今，我们完成了第一个百年奋斗目标，正在向第二个百年奋斗目标迈进，努力实现中华民族伟大复兴的中国梦。一个民族的崛起，是建立在科学技术充分发展的基础上的。科学技术的发展，不仅表现为高新技术的不断涌现，基础科学的日新月异，更重要的是表现为全民族科学素质的大幅提高。因此，科学普及是与科技创新同等重要但更基础的工作。只有坚持不懈地普及科学知识、推广科学技术、倡导科学方法、传播科学思想、弘扬科学精神，才能提高中华民族的整体科学素质，为科技创新提供持久的内生动力。随着中国日益走近世界舞台的中央，中国的科普事业将不仅惠及中华民族，也将惠及世界人民。

科普包含三个层面，一是知识和技术的普及，二是科学文化的传播，三是对受众科学精神的塑造。《大学科普》杂志秉承"普及科学知识 树立科学理念"的指导思想，强调"用文化普及科学""用科学塑造灵魂"。

---

① 习近平. 为建设世界科技强国而奋斗—在全国科技创新大会、两院院士大会、中国科协第九次全国代表大会上的讲话. 北京：人民出版社，2016.

② 习近平向世界公众科学素质促进大会致贺信. http://www.xinhuanet.com/2018-09/17/c_1123443442.htm[2020-09-16].

这种创新性的理念，使其更具人文内涵，也吸引了一大批关心和参与科普事业的专家学者，成为推动当前科普事业发展的重要力量。"大学科普丛书"就是这些专家学者科普成果的集中展示。

"大学科普丛书"由重庆市大学科学传播研究会和科学出版社共同策划出版，遵循以普及科学知识为基础、以倡导科学方法为钥匙、以传播科学思想为动力、以弘扬科学精神为灵魂、以恪守科学道德为准则的宗旨，通过聚焦科学热点问题，集合高校科协科普优质资源，凝聚知名专家学者，秉承"高层次、高水平、高质量"的优良传统，发扬"严肃、严密、严格"的工作作风，以高度的社会责任感和奉献精神，精心组稿创作而成。

2020年5月"大学科普丛书"第一辑12种图书出版完毕，内容涉及多个学科领域，反映了当前的科技发展和深刻的人文思考，风格清新朴实，语言平实流畅，真正起到了传播科学思想、弘扬科学精神、激发科学热情的作用，深受广大读者青睐。丛书面世后，不仅受到广大读者的欢迎和肯定，还获得多项国家级奖励和荣誉，如《极地征途：中国南极科考日记档案》入选中宣部主题出版重点出版物、国家出版基金项目，《动物世界奇遇记》获得全国优秀科普作品奖、中国科学院优秀科普图书奖，等等。

在总结第一辑经验的基础上，第二辑的图书将更多地汇集来自高校和科研机构的优秀作者，以科学技术史、科技哲学、科学学、教育学和传播学等学科为支撑，将自然科学和人文社会科学深度融合，力求带给读者全新的科普阅读体验。

我们诚挚希望有更多热心科普事业的专家学者加入，勠力同心，共同推动大学科普事业的发展，以培养更多的具有深厚科学素养、富有创新精神的大学生，并借此探索一条全面提升中华民族科学素质、推动中国科技发展的新路径！

中国工程院院士
中国材料研究学会副理事长
重庆市科学技术协会主席
2020年8月31日

序 一

在这个星球上,有一种植物默默地铸就了人类文明的"甜蜜基石",它就是甘蔗。它不仅是一种农作物,而且是蕴含着经济价值与社会价值的绿色宝藏。甘蔗,这个全球产量最高(鲜重)的作物,每年创造着高达 900 亿美元的经济价值,为我们提供了超过 80%的食糖和 40%的乙醇,[①]它影响着我们生活的方方面面。它不仅是改变世界的植物之一,更是人类文明进步的见证者和推动者。

在我们国家,糖料生产一直受到高度重视。多年来,它一直是国家关注的焦点,被视为国家基础农产供给安全的重要组成部分。2017 年,糖料被正式列为国家战略物资,与粮、棉、油并肩站立。

广西,这片神奇的土地,水热资源丰富,一直是我国食糖生产行业的领头羊,每三勺糖中就有两勺出自这里。广西的甘蔗糖业不仅是我国农业发展的基石,也是连接乡村振兴与边疆民族振兴的桥梁。

在全球政治情势波动的压力下,我国的食糖安全正面临前所未有的挑战。自从我国加入世界贸易组织(World Trade Organization,WTO)以来,国际食糖市场以其价格优势侵占了我们的市场份额,给本土糖业带来了剧烈的冲击,导致我国食糖的自给能力持续走低。在"十三五"期间,我国的食糖消费总量飙升至 7570 万吨,然而国内生产的食糖仅有 4816 万吨,自给率跌至 63.6%左右,使得我国的食糖供应安全岌岌可危。随着乌克兰危机的爆发,哈萨克斯坦、印度、巴基斯坦、俄罗斯等国纷纷采取限制或完全禁止食糖出口的政策,全球范围内的糖供应紧缩,面临严重的糖荒。食糖作为国家的战略物资,保障其稳定供应显得尤为关键。

[①] Zhang Q, Qi Y, Pan H, et al. Genomic insights into the recent chromosome reduction of autopolyploid sugarcane Saccharum spontaneum. Nature Genetics,2022,54: 885-896.

在这样的背景下，广西大学亚热带农业生物资源保护与利用国家重点实验室的张积森教授及其团队成员，共同编写了一本关于甘蔗的科普著作——《糖与文明：甘蔗如何塑造了我们的世界》。这本书不仅详细介绍了甘蔗的起源与传播，还深入探讨了蔗糖产业对人类社会经济与文化的深远影响，以及糖与人类健康之间的紧密联系。这是一本集知识性、趣味性于一体的精品力作，图文并茂，生动有趣。

《糖与文明：甘蔗如何塑造了我们的世界》旨在通过科普的形式，向广大读者传递甘蔗的基本知识，激发大众对科学的热爱和对未知世界的探索欲望，引导人们树立尊重自然、保护自然的生态文明理念，从而提高全民科学素质。

现在，让我们一同踏上这趟甜蜜而奇妙的旅程，深入了解"蔗"了不起的作物，探索甘蔗的无限可能吧！

中国工程院院士

2024年2月

序 二

甘蔗是一种具有重要经济和社会价值的作物，兼具生产糖料和能源的作用。它在世界范围内被广泛种植和利用，对人类社会产生了深远影响。作为全球产量最高的作物之一，甘蔗年产值高达900亿美元，为全世界提供了86%的食糖和40%的乙醇。甘蔗产业对解决食品供应、能源需求和经济增长等重大问题具有重要意义，同时也促进了不同文化之间的交流和发展。

我国高度重视糖料生产，连续十多年将糖料生产作为中央一号文件关注的重点之一，并提出要"确保粮、棉、油、糖、肉等供给安全"。2017年，中央一号文件正式将糖列为与粮、棉、油同等重要的国家4类战略物资之一。广西是我国最大的食糖生产地，目前广西糖料蔗种植面积和产糖量均占全国的65%左右，食糖销量占全国跨省贸易量的80%左右，是国家糖业抵御"卡脖子"风险的主要依靠。甘蔗糖业是广西经济发展的重要支柱，关系着2000多万涉蔗人口的切身利益，也是巩固和拓展脱贫攻坚成果、实现乡村振兴的重要支持。

张积森教授是广西大学亚热带农业生物资源保护与利用国家重点实验室主任，长期从事甘蔗种质创新与生物育种研究。他组织国内多位甘蔗研究的一线科技工作者，编写了关于甘蔗主题的科普书《糖与文明：甘蔗如何塑造了我们的世界》。该书内容丰富、信息量大、图片精美，非常有趣易读。该书主要内容包括甘蔗的起源与传播、蔗糖产业对人类社会经济与文化的影响、糖与人类健康的关系、甘蔗相关的科学研究进展及国内外主要的甘蔗科研机构等。

习近平总书记指出："科技创新、科学普及是实现创新发展的两翼，要把科学普及放在与科技创新同等重要的位置。"[1]该书的编写与出版，

---

[1] 新华网.2016-05-31.习近平：为建设世界科技强国而奋斗.http://www.xinhuanet.com/politics/2016-05/31/c_1118965169.htm

正是响应习近平总书记对于科学普及工作的重要指示。通过该书，我们希望能够向广大非专业读者传达甘蔗的基本知识，同时也希望引起公众对科学普及的关注和重视，引导大众树立尊重自然、顺应自然、保护自然的生态文明理念，养成绿色、低碳、环保的生产生活习惯，推动全民科学素质的提升。

让我们一起探索甘蔗的世界，认识"蔗"了不起的作物！

中国科学院院士 刘耀光

2024 年 2 月

写在前面

非常荣幸能够向大家呈现我们的甘蔗科普书《糖与文明：甘蔗如何塑造了我们的世界》。

在此书之前，已经有不少关于甘蔗与糖的作品，其中代表作品有我国季羡林先生的《糖史》和美国西敏司先生的《甜与权力》。与这两本巨著相比，我们这本书显得颇为稚嫩，但本书在写作角度上不同，同时力图内容更"科普"、更综合，因此也收集、更新了近年行业发展动态。

本书的目标是向广大非专业读者介绍甘蔗的基本知识，无需专业背景，即可轻松了解这个与我们生活息息相关的重要作物。我们将运用通俗易懂的语言及富有故事性的叙述方式，与领大家一同体验甘蔗的"甜蜜旅程"。

甘蔗是全球重要的糖料兼用作物，我国高度重视糖料生产，并多次在中央一号文件中明确指出要确保食糖供给安全，将糖列为与粮、棉、油同等重要的战略物资。广西是全国最大的食糖生产地，拥有1150万亩[①]的糖料蔗保护区，产糖量占全国60%以上。广西的蔗糖产业关系着2000多万蔗农的切身利益，也是脱贫攻坚成果和实现乡村振兴的重要保障。

然而，社会对于甘蔗的了解却相当有限。虽然我们课题组前期创建了SucroseArt和张积森课题组等公众号，发表了一些甘蔗相关的最新研究报道和对甘蔗在人类历史中的影响推文，但一直没有以科普的方试去系统化地总结甘蔗的知识。因此，我们期待通过这本书，带领读者进入甘蔗的神奇世界，探索它在人类生活中所具有的丰富价值和不可思议的影响力。

得益于广西壮族自治区政协副主席、广西大学原党委书记王乃学

[①] 1亩≈666.67平方米。

同志的提议和支持，我组织并带领课题组的硕士和博士研究生，历时一年完成了本书稿的写作；广西大学吕鹏老师团队和我们合作创意插图。本书包含 8 个章节和第 1 篇附录。第一章，向读者介绍甘蔗相关的基础知识、甘蔗的特点和甘蔗的重要性等；第二章和第三章，则带领读者穿越时空，了解甘蔗对古代人类文明的促进作用和甘蔗对近代世界人口迁移及文化交流的深刻影响；第四章，聚焦我国甘蔗的发展历程，借此反映我国糖业的千年兴衰；第五章，徜徉我国文化长河，认识与甘蔗有关的文化符号；第六章，关注糖与人体健康的关系，揭示糖的本来面目；第七章，主要介绍糖在社会发展中的重要作用；第八章，带领读者了解甘蔗相关的研究前沿与进展；附录是甘蔗研究机构相关信息。

书中难免有冗余和错误之处，请大家批评指正，提出宝贵的意见，我们将不胜感激。愿您在这甘蔗的"甜蜜之旅"中获得启发与愉悦！

2024 年 8 月

目 录

总序（潘复生）/ i
序一（张献龙）/ iii
序二（刘耀光）/ v
写在前面（张积森）/ vii

第一章　了不起的甘蔗 / 001

　　第一节　认识甘蔗 / 004
　　第二节　甘蔗的"家人"及其"亲戚们" / 006
　　第三节　甘蔗是从哪里起源的 / 010
　　第四节　甘蔗是如何传播的 / 014
　　第五节　古代人们对甘蔗的利用 / 017
　　第六节　蔗既是最甜的作物也是可持续发展的驱动力 / 021
　　第七节　甘蔗是醉人酒也是救人的"药" / 025
　　本章参考文献 / 026

第二章　甘蔗对古代人类文明的影响 / 029

　　第一节　甘蔗对社会的影响 / 031
　　第二节　战火纷飞下的蔗糖 / 037
　　本章参考文献 / 041

第三章　甘蔗对近代人类文明的影响 / 043

　　第一节　砂糖的兴衰：甘蔗与糖产业 / 045
　　第二节　永恒的悖论：甘蔗与奴隶制 / 051

第三节　移动的大冒险：甘蔗如何引导人口迁移 / 055
　　第四节　糖心契约：甘蔗与"契约华工" / 061
　　本章参考文献 / 062

第四章　中国蔗糖产业的千年兴衰 / 065
　　第一节　三国魏晋南北朝至后魏期间：甜蜜的开始 / 067
　　第二节　唐代：西方取糖 / 070
　　第三节　宋代至元代：传统糖业的确立期 / 072
　　第四节　明清时期：传统糖业的变革发展期 / 074
　　第五节　民国：传统糖业及机械制糖业的兴起与衰落 / 077
　　第六节　近现代：蔗糖业飞速发展期 / 079
　　本章参考文献 / 084

第五章　甘蔗的文化意蕴 / 087
　　第一节　甘蔗写法与发音的历史演变 / 089
　　第二节　甘蔗在外国文化中的角色 / 091
　　第三节　甘蔗与中国文学 / 095
　　第四节　甘蔗元素：当代文化的媒介与象征 / 103
　　本章参考文献 / 106

第六章　糖和人类健康 / 109
　　第一节　糖是人体主要的供能物质 / 111
　　第二节　过量摄入糖的危害 / 112
　　第三节　如何科学地摄入糖 / 114
　　第四节　糖的消费 / 116
　　第五节　糖与代糖 / 119
　　本章参考文献 / 124

第七章　糖——社会经济发展的甜蜜旅程 / 125

第一节　从古至今的"甜蜜"传奇 / 127

第二节　糖业风云：甜蜜"点燃"世界经济 / 128

第三节　糖在国际贸易中的机遇与挑战 / 139

本章参考文献 / 142

第八章　甘蔗相关研究进展 / 145

第一节　甘蔗育种研究 / 147

第二节　甘蔗现代生物学研究进展 / 151

本章参考文献 / 158

附录　甘蔗研究机构 / 161

附表一　国外甘蔗科研机构和甘蔗主栽品种 / 163

附表二　国内甘蔗科研机构和甘蔗主栽品种 / 175

本章参考文献 / 176

第一章
了不起的甘蔗

我们都吃过糖，但不一定见过或者了解田地里的甘蔗。事实上，我国食糖几乎都是以甘蔗为原料加工生产出来的，提高甘蔗的产量和品质对于保障我国食糖安全供应具有重要意义。本章将带领大家了解甘蔗家族的成员，探究甘蔗的起源和在世界范围内的传播过程，探索这了不起的甘蔗有什么特点。

甜，真是让人着迷。"酸、甜、苦、辣、咸"，"甜"总是为人类所偏爱。自从人类尝到了甜的味道，就再也离不开它了：一颗糖能使小孩止住哭泣，也能使成人舒缓悲伤的情绪，以至于人们多将"甜"与"美好"同等看待。比如，期待生活能够"苦尽甘来"，希望爱情可以"甜甜蜜蜜"，某人展露"甜蜜"的微笑，以及制造"甜蜜"的回忆等。"甜"与"美好"一样，在生活中有着同等的地位，人们也从未停止追求"甜"的步伐。在古代，"甜"的主要来源是蜂蜜及一些带有甜味的果实等，受制于当时的生产力，糖——或者说"甜"对于普通人而言非常稀缺，对于贵族阶级来说也并不是可以轻易得到的东西。直到甘蔗种植在世界范围内得到普及，这一状况才得到改变。

随亚历山大东征的尼阿库斯在笔记中写道："印度有一种芦苇，没有蜜蜂却能造出蜂蜜；不结果实，却充满迷人的琼浆。"[1]公元前510年，波斯皇帝大流士侵略印度时发现了"芦苇产蜂蜜却没有蜜蜂"的秘密，从而把甘蔗称为"味道甜美的芦苇"。这个秘密的发现为波斯带来了巨大的财富——波斯人从印度引种了甘蔗。直到公元642年，阿拉伯人侵略波斯时得到了蔗糖的制作方法，并把它带到了北非和西班牙。在接下来的几个世纪，甘蔗及其产物蔗糖通过战争与贸易在全世界传播。

在食糖资源匮乏的年代，鲜有人能抵挡住甜味的诱惑，甚至有人认为嗜糖是人类的天性。据传，释迦牟尼在品尝到甘蔗汁后受到了启发，决定停止断食。人们所食用的白糖主要是用甘蔗生产的，在物质丰富的今天，人们很容易就能获得。但甘蔗从田地走向餐桌，从贵族走向平民，这其中有着一段曲折而又残酷的历程。这看似不起眼的蔗糖，曾在历史上掀起过不小的波澜。蔗糖的生产历史甚至可以说是一部战争史、奴隶史、人口迁徙史。所有欧洲帝国都曾将加勒比海地区的甘蔗种植岛屿视如珍宝，并为此发动不少次战争；当时包括种植岛屿在内的所有甘蔗种植园的劳工主要是奴隶[2]……谁能想到小小的甘蔗能推动历史走向，进而改变他人命运。

制糖工艺刚开始形成与传播时，砂糖成为权力与财富的象征。在欧洲，只有王室、贵族、高级神职人员才能拥有。然而，随着甘蔗在世界范围内种植面积的增加和价格的下降，蔗糖得以逐渐步入寻常百姓家。但这并未使糖与甘蔗的地位有明显降低。目前，甘蔗为世界提供了约

80%的糖和40%的乙醇，糖作为大宗商品在世界范围内广泛交易，糖价的波动能直接影响世界经济稳定。在特殊时期和社会环境下的糖能够在一定程度上替代货币。同时，包括我国在内的很多国家和地区仍将糖作为主要战备物资。甘蔗与糖的重要性已经不言而喻，让我们一同走进甘蔗的世界，感受这个看似平凡却又了不起的植物带给人们的甜蜜与惊喜。

第一节　认识甘蔗

甘蔗（*Saccharum* spp.），又称蔗，属于禾本科、黍亚科、高粱族的单子叶植物，为甘蔗属植物的总称。它是一种高大的多年生实心草本植物，可以生长到2~6米高，直径2~4.5厘米，蔗茎上有节，节上有芽。人们所需要的糖分就储藏在它圆柱状的蔗茎里。甘蔗已经成为很多热带或亚热带地区的主要经济作物，我国甘蔗的产区主要集中在广西、云南、广东等热带或亚热带地区。据文献记载，历史上新疆地区也曾种植过甘蔗[2]；过去几十年里，新疆也多次引种甘蔗，近年额敏县又多次引进了主要用于鲜食的广西甘蔗品种。如果你从小生活在广西，你可能有这样的记忆：从缓慢行进的城乡客车上往窗外看去，除了群峰争冠的独特美景，还有连绵不断的甘蔗林，甘蔗林里一排排的"士兵"昂首挺胸，像是在接受你的检阅。当回过神来，看到"那么多的糖水站立着，不修边幅。薄薄的皮，有点看不住"[3]，不由得口水滴落了下来。

根据近年的统计数据，我国甘蔗的常年种植面积都在1950万亩①左右，仅次于巴西和印度；种植面积最大的地区是广西，其2021年的甘蔗种植面积高达1286.7万亩，远远高于其他省份，并且产量占全国总产量的份额有连年增长的趋势②。广西是我国最大的糖料蔗和食糖生产区，

---

① 1亩≈666.67平方米。
② 数据来源：共研网。

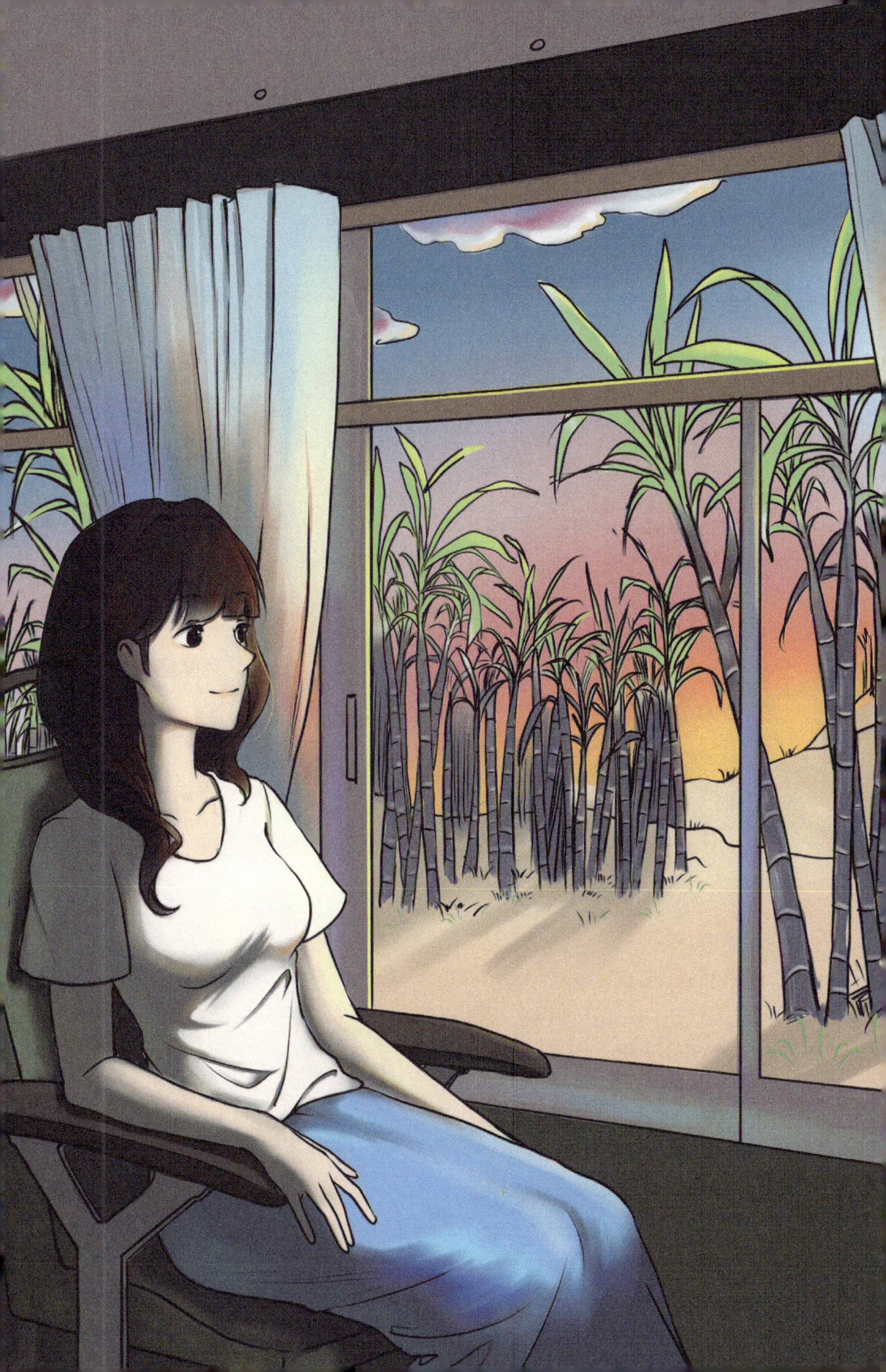

广西的甘蔗种植面积和蔗糖产量连续多年超过全国总量的 60% 以上，在我国的蔗糖产量中连续 25 年位居第一。如今，蔗糖产业已经成为我国农业、经济、文化中不可缺少的一部分。

> **小贴士**
>
> ### 甘蔗的食用方法你知道多少？
>
> 甘蔗有多种食用方法，①直接咬食、榨汁等无须加工或经过简单加工；②用于烹饪，如烤甘蔗、甘蔗虾，在我国南方地区，甘蔗还常与其他食材一起被用来煲汤、制作糖水或凉茶；③制成甘蔗干、甘蔗果汁粉等。

第二节 甘蔗的"家人"及其"亲戚"们

即使甘蔗在我国有着广阔的种植面积，但大多数人对生长在土地里的甘蔗还是感到陌生的，因为甘蔗需要在热带或亚热带地区的环境才能生长；再者，为了方便榨糖与减少运输损耗，集中种植是最好的选择，这就决定了糖用甘蔗只能在几个主要产区种植，所以很多人虽然啃过甘蔗、吃过蔗糖，却没见过甘蔗是怎么生长的。

甘蔗可以分为很多种类，从甘蔗的"血缘关系"来说，可以分为甘蔗的"家人"，也就是我们在农田里经常看到的栽培甘蔗（如通常作为果蔗的热带种）；甘蔗的"亲戚"（甘蔗的近缘种或属）。

按用途进行分类的话，可以分为糖蔗、果蔗、能源蔗、糖能兼用甘蔗、纤维甘蔗等。糖蔗，顾名思义就是用于制糖的甘蔗，其含糖量高，纤维含量也较高，蔗肉硬，是很难咬得动的；果蔗，就是我们常见的可以直接咬食的甘蔗，茎秆粗大，蔗肉松软，纤维含量低，含糖量中等；能源蔗，就是专门用于能源生产的甘蔗，其含有较高的可发酵糖和纤维素，用于生产乙醇或发电等；糖能兼用甘蔗，这种甘蔗既能榨糖又能用于生产乙醇等（比如巴西会根据国内外市场行情决定当年用于生产乙醇或制糖的甘蔗的比例，二者可以灵活转换，这样对于稳定市场和保障收益有一定积极作用）；纤维甘蔗，其纤维素含量高，主要用于生产纤维制品，如纸张、可降解餐具等。

按熟期进行分类，甘蔗可划分为我们常见的早熟、中熟和晚熟品种三类。早熟品种的甘蔗在榨季①早期即可达到高的糖分，有利于糖厂提早开榨；晚熟品种的甘蔗在榨季早期糖分低，榨季后期糖分高；中熟品种的甘蔗介于两者之间。合理种植不同熟期的甘蔗有利于提高糖厂设备的利用率，甚至能让糖厂全年都有糖榨。甘蔗生产设备和榨糖设备利用率都提高了，还能保证糖厂工人全年有活干，稳定就业，提高经济效益。

根据生态类型分类，甘蔗可分为热带品种类型和亚热带品种类型两类。热带品种类型的甘蔗植株高大，茎径粗大，对温度要求高，喜高温多湿环境，对水肥需求也高，蔗茎产量与糖分较高，一般适于在华南蔗区种植。亚热带品种类型的甘蔗一般植株较小，但适应性较强，在一般水肥条件下也能获得较高产量，在华中及西南蔗区都能种植。目前我国选育的品种一般兼有两种生态型优良特性，主要种植区都是在亚热带区域。

此外，还可以根据蔗茎大小进行分类，可以分为大茎（直径 3cm 以上）、中茎（直径 2.5~3.0cm）、细茎（直径 2.5cm）品种。按糖分高低可划分为高糖（糖分占 15% 以上）、中糖（糖分在 12.5%~15%）和低糖（糖分在 12.5% 以下）品种，甘蔗糖分的高低主要是由品种特性决定的，但栽培条件也会产生一定的影响。

甘蔗对其"亲戚"包容性极高，对甘蔗的"亲戚"进行分类是一个

---

① 即榨取糖的一整个生产期。我国的甘蔗榨季通常在当年 10 月至次年 4 月。

非常复杂和困难的工作，我们在这里仅进行简单的介绍。我们目前实际种植的甘蔗栽培品种是由杂交获得的，也就是用植株高大、蔗茎较粗、含糖量高的热带种（*S. officinarum*，常用作果蔗）作为母本，与茎较细、含糖量低、抗逆性好的细茎野生种（*S. spontaneum*）进行杂交，再用其杂交后代与热带种进行多次回交而育成①。在过去一百多年的甘蔗杂交育种过程中，育种专家也利用甘蔗的其他"亲戚"进行过杂交。

细茎野生种（即割手密种）也叫甜根子草，根状茎发达，固土力强，能适应干旱和寒冷的环境，常被作为巩固河堤的保土植物。细茎野生种的秆可用于造纸，嫩枝叶可以作为牲畜的饲料，开花后的花穗很好看，有些地方拿它来绿化造景。细茎野生种是甘蔗栽培种的重要原始亲本之一，在甘蔗杂交育种方面有重要的利用价值，几乎所有现代栽培甘蔗都含有细茎野生种的"血缘"，细茎野生种为甘蔗栽培种提供了抗病虫害、抗逆境和良好的宿根性等优良性状。因此，细茎野生种是甘蔗杂交育种利用价值最高的"亲戚"。

"甘蔗属复合体"中的成员都是甘蔗的"亲戚"，因此甘蔗有着众多"亲戚"。Mukhergee[4]提出了一个"甘蔗属复合体②"（*Saccharum Complex*）的概念，这其实是一个非正式的定义，代表可以与甘蔗杂交的近源物种的集合，即是由甘蔗的"亲戚"们组成的大家庭，主要包括甘蔗属、蔗茅属、芒属、硬穗茅属和河八王属。而传统上甘蔗属分为六个种：细茎野生种（割手密）、大茎野生种、热带种、中国种、印度种（细秆甘蔗）和食穗种（肉质花穗种）。其中大茎野生种和细茎野生种是野生种，热带种、中国种、印度种、食穗种是栽培品种，以热带种的含糖量最高，被认为是由大茎野生种驯化而来。也有研究者认为，甘蔗属只包含两个种，一个是细茎野生种，另一个是热带种，其他四个为热

---

① 杂交，一般指种内不同品种间的杂交育种，这里是指同一属不同物种（热带种与细茎野生种）间的杂交。而回交则是他们之间的后代再与母本热带种（也叫高贵种）进行杂交，后代再与高贵种进行回交，这样循环多次，因此这个育种过程也叫作甘蔗高贵化育种[5]。

② 甘蔗复合体可能与甘蔗属的起源相关。Hodginson[6]等的研究认为蔗茅属不是单系的，最近又有新证据表明，甘蔗与芒属的关系比蔗茅更近，蔗茅不应该归入甘蔗属，而应该划分到 *Tripidium* 属，此前的 50 年里，甘蔗育种家们在斑茅与甘蔗杂交育种中遇到巨大困难，这可能就是原因。Lloyd Evans[7]等认为甘蔗属复合体只包括甘蔗属、芒属、*Miscanthidium* 和新世界的蔗茅属。

带种的种间杂种（图 1-1）。

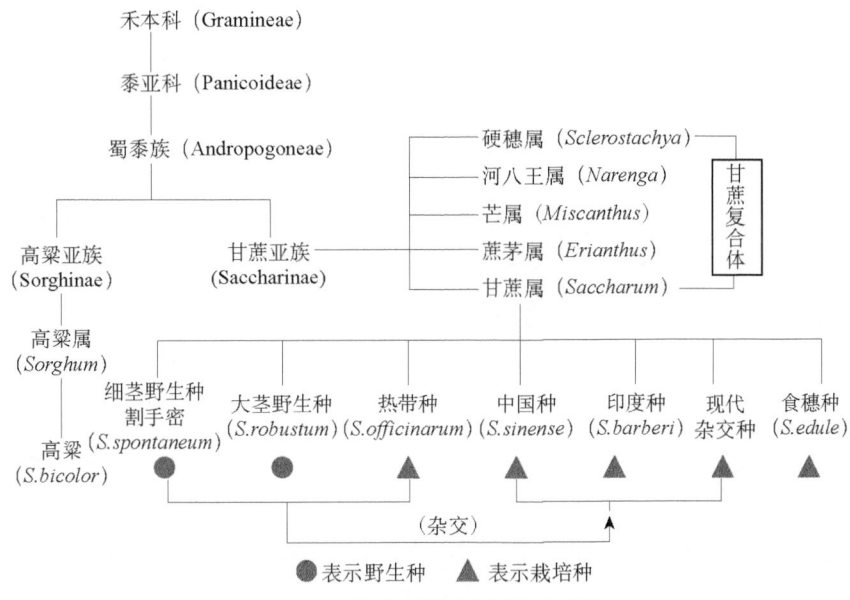

图 1-1 甘蔗属及其近缘属的分类[8]

甘蔗属及其近缘属的确认是比较困难的，这和甘蔗基因组与染色体的高度复杂有很大关系。甘蔗栽培种是同源异源非整倍体，染色体数量在 100～130 条，基因组大小约有 10 个 Gbp，可以说是所有作物中染色体最复杂的物种，这也是导致科学家们对甘蔗分类存在异议原因之一。

> **小贴士**
>
> **白皮甘蔗与红皮甘蔗有什么不同？**
>
> 甘蔗有白甘蔗和红甘蔗，但它们与白糖和红糖之间的联系并不直接。红糖和白糖是产工艺上的区别，红糖只需要简单加工就能得到，白糖则需要经过纯化和脱色处理。常见的白甘蔗通常用于制糖，而红甘蔗则可以直接食用或榨成甘蔗汁。

第三节　甘蔗是从哪里起源的

甘蔗的起源和传播历史涉及多个学科与领域,是众多学者关注和研究的热点问题。这一节我们将综合甘蔗的形态特征、遗传分析、考古发现、文献记载等方面的资料,探讨甘蔗的起源地区、起源时间、传播历史和人们对其的利用,以期读者对甘蔗的起源、传播和历史有一个较为全面和客观的了解。

前文讲到的,甘蔗属有六个种,分别为细茎野生种、大茎野生种、热带种、中国种、印度种和食穗种。其中细茎野生种和热带种是现代栽培甘蔗的主要祖先,也是最重要的两个种。细茎野生种是一种野生种,分布广泛,在非洲中部和北部、亚洲东南部和西南部、大洋洲（澳大利亚）的东北部和太平洋岛屿都有其踪迹；热带种是一种栽培种,原产于新几内亚或印度东北部,在古代被人类广泛利用和传播；中国种和印度种是热带种和细茎野生种的天然杂交后代,分别在中国和印度形成；大茎野生种被认为是热带种的祖先,在新几内亚形成；肉质花穗种是一种极少见的野生种,在新几内亚和印度尼西亚被发现[9]。

一、大茎野生种和热带种甘蔗起源于新几内亚

关于甘蔗的起源地,目前有三种主要的说法[10,11]：第一种说它起源于新几内亚；第二种说它起源于中国华南地区和西南南部一带；第三种说它起源于印度地区。但随着测序技术的发展,甘蔗基因组被破译,使得科学家们能更好地理解甘蔗的起源与演化。现在学界普遍认为热带种甘蔗和大茎野生种的起源地位于新几内亚或其周边地区,后来传播到南洋群岛和中国,其主要依据如下。

根据甘蔗的遗传多样性和分布，热带种甘蔗和大茎野生种的多样性中心位于新几内亚及其周边地区，因此甘蔗可能最早起源于新几内亚等地[12]。科学家在这些地区发现了最多的大茎野生种和热带种的野生种，表明这些地区可能是甘蔗的原始中心。而且，甘蔗的最早人工栽培证据也在新几内亚被发现[13]。此外，在其周边的一些岛屿上也发现了较早期的甘蔗栽培遗址，如所罗门群岛、瓦努阿图、斐济等地。这些遗址表明，南太平洋地区的人类很早就开始利用和栽培甘蔗，并将其作为重要的商品进行贸易活动。

基于甘蔗的染色体数目和形态特征，可以将其分为两个基本种，即细茎野生种和热带种。细茎野生种的染色体数目为$2n=40\sim128$，主要分布在印度北部和中部，因此也有研究者认为甘蔗起源于印度地区；热带种的染色体数目为$2n=80$，主要分布在新几内亚等地，是当前世界上最重要的栽培种之一[14]。甘蔗在东南亚和新几内亚有更多、更复杂的品种和类型，表明这些地区是甘蔗起源和演化的中心。特别是大茎野生种，被认为是热带种的祖先或亲本之一，也分布在该地区。

在生物学方面，研究者对甘蔗的遗传多样性和亲缘关系进行了深入的研究。通过对甘蔗属植物的 DNA 序列、异构酶、黄酮类化合物等进行分析，发现新几内亚野生蔗是甘蔗属植物中最原始的物种，具有最高的遗传多样性和最低的自交系数，是其他所有甘蔗物种的祖先。因此，从遗传学角度来看，新几内亚是甘蔗起源地之一。

在考古证据方面，目前人们已经在新几内亚和印度等地发现了甘蔗的考古遗存，其中最早的可以追溯到公元前 8000 年左右。在新几内亚的库库山地区，考古学家发现了一些古代农业遗址，其中包括一些甘蔗的炭化残片，经过放射性碳测定，确定其年代为公元前8000～前6000年[13]，这是目前已知的最早的甘蔗遗存，表明新几内亚是最早开始种植甘蔗的地区之一。

在历史文化方面，甘蔗不仅是新几内亚地区一种重要的经济作物，也是一种重要的文化符号。新几内亚人将甘蔗视为生命之源和神圣之物，将其用于各种宗教仪式和社会活动。例如，在一些部落中，人们会用甘蔗作为祭品，向祖先或神灵祈求保佑；在一些节日中，人们会用甘蔗作为礼物，表达友谊或爱情；在一些仪式中，人们会用甘蔗作为象征，表示权力或身份。新几内亚人对甘蔗有着深厚的感情，认为甘蔗是他们的祖先赐予他们的宝贵财富。

越来越多的研究表明，蔗糖旅行的起点是新几内亚。英国生物学家阿奇瓦格（Artschwager）和布兰德斯（Brandes）就指出："相信甘蔗从新几内亚曾有三次向外传播的过程，其中一次发生在公元前 8000 年；又过了 2000 年，它传入了菲律宾和古印度，很可能还包括印度尼西亚。"此外，甘蔗大约在周朝周宣王时传入中国南方并开始得到种植；15 世纪末被哥伦布（Colombo）带到美洲大陆，并在那里建立了大规模的种植园和糖厂；1493 年传入多米尼加，然后传播到南美洲各国；1751 年传至美国路易斯安那州；1817 年传入澳大利亚。此后，甘蔗被传播至全球温带、热带区域[15,16]。

综上所述，遗传、考古和文化等层面都有充分的证据表明新几内亚是甘蔗的起源地。但甘蔗是一种具有高度杂交能力和适应性强的植物，在不同地区和时期都可能发生变异和进化。因此，甘蔗起源问题还需要更多的研究和探讨。

二、细茎野生种起源于印度

细茎野生种是甘蔗属植物中的一个重要分支。它与甘蔗有着密切的亲缘关系，是甘蔗育种中重要的遗传资源，是形成现代栽培种甘蔗的育种过程中的两个原始种之一。细茎野生种的起源问题一直是植物学家和育种家关注的课题，不同的研究给出了不同的答案。其中一种比较有说服力的说法是，细茎野生种起源于印度北部。这种说法有以下几方面的证据支持。

近年来，随着基因组测序技术的发展，我国科学家对甘蔗细茎野生种进行了全基因组测序和分析，揭示了它的遗传多样性和进化历史。2022 年 6 月，张积森教授团队在《自然-遗传》（*Nature Genetics*）上发表论文，解析了甘蔗细茎野生种天然同源四倍体 Np-X 基因组，同时利用基因组学手段，系统地阐明了细茎野生种的起源、关键性状相关基因、基因组倍性以及染色体基数的演化规律。根据该基因组数据，团队对102份来自全球各地的细茎野生种样本进行了遗传多样性分析。群体结构分析结果和系统发育树显示，细茎野生种最早起源于印度北部，可以划分为4个独立演化的亚群。其中，亚群1和亚群2之间的基因流较少。这些结果表明，细茎野生种最早在印度北部形成，并从那里向其他地区扩散[17, 18]。

细茎野生种的地理分布也反映了它的起源地区和扩散路径。细茎野生种在印度、巴基斯坦、孟加拉国、斯里兰卡、尼泊尔等南亚国家也有广泛的分布。这说明印度也是细茎野生种的一个重要分布中心和多样性中心。在印度的印度河流域，还发现了一些甘蔗的炭化残片，其年代为公元前2500～前1500年，这是印度种甘蔗的最早证据，表明甘蔗在印度也有很长的栽培历史，且印度还是世界上最早开始制糖和出口糖的国家之一[19]。

在印度，甘蔗有悠久而丰富的文化历史，被视为神圣而珍贵的植物，在宗教、文学、艺术等方面都有重要的影响。印度古典文献吠陀、《摩诃婆罗多》、《罗摩衍那》、《马哈巴拉塔》等中都有关于甘蔗的记载。例如，在《罗摩衍那》中，主人公罗摩曾经在甘蔗林中和他的妻子希达交谈；在《马哈巴拉塔》中，英雄比斯马卡曾经在甘蔗林中与他的朋友们度过了一段难忘的时光。甘蔗与印度多个节日有关，如在印度教的春季节日"哈利"，人们会用甘蔗糖制作一种名为"甘蔗果"的糖果，庆祝春天的到来；在印度教的"迦纳尼亚节"，人们会通过捐赠甘蔗和其他物品来祈求神的保佑与慈悲。

综上所述，细茎野生种起源于印度北部的说法有着基因组分析、文献记载、地理分布和文化等方面的证据支持，是一种比较合理的假设。当然，这种说法还需要更多的研究和证实，以揭示细茎野生种完整的起源和进化历史。

综上，甘蔗属的起源地区可能不止一个，而是多个地区共同参与了今天的甘蔗的形成和演化。根据目前的证据和推理，可以初步认为新几内亚是热带种的起源地区，印度次大陆是细茎野生种的起源地区。这些地区都有着适合甘蔗生长的气候和土壤条件，也有着悠久且丰富的糖文化。当然，这些结论并不是绝对的，随着科学技术的发展和新证据的出现，人们可能会有更加准确和全面的认识。

小贴士

只有中国人啃甘蔗吗？

有些地方的人只喜欢榨甘蔗汁，很少直接啃食甘蔗，这可能是饮食习惯等多种因素所致。甘蔗主要在热带和亚热带地区种植，很多地方并不专门种植果蔗供人们直接食用，而是为了制糖需要而进行种植。另外，出于销售和运输的需要，甘蔗通常被削皮切割成段或块，甚至深加工成蔗糖等产品。

第四节　甘蔗是如何传播的

甘蔗有三条传播路线：第一条路线是从东南亚向西传播到印度、中东和地中海地区；第二条路线是从印度向东传播到中国、日本和太平洋岛屿；第三条路线是从欧洲向美洲、非洲和大洋洲传播。

一、第一条传播路线

公元前1500~公元1000年，甘蔗从东南亚向西传播到印度、中东和地中海地区。这主要是通过陆路贸易和海上航行实现的。阿拉伯商人通过他们的贸易网络将甘蔗带到了阿拉伯半岛、北非和地中海沿岸。公元7世纪，伊斯兰教自阿拉伯半岛兴起之后迅速向外扩张，东及印度、东南亚国家和中国，西达土耳其和北非。一个世纪以后，地中海周边除了北边之外，东、南、西三面都被伊斯兰势力控制。在这个扩张过程中，伊斯兰教徒在地中海东、南、西三面区域内大面积种植甘蔗和提炼蔗糖。从土耳其到意大利东部岛屿以及西班牙、摩洛哥等地中海沿岸国家都有种植甘蔗。公元10世纪，除中国和印度外，两个最大的产糖区域分别位于埃及的尼罗河峡谷和波斯湾头部方向的两河流域三角洲。提炼蔗糖的精细工艺也是埃及人最先发展且传出的。

印度是甘蔗传播的重要中转站，印度人不仅将甘蔗栽培在自己的土地上，还将其传播到中东和地中海地区。印度人还发明了一种精炼甘蔗汁的方法，制成了世界上最早的固体糖。这种糖被称为"印度盐"或"印度蜜"，在古代是一种珍贵的商品，被用来作为贡品、药品或香料。

二、第二条传播路线

公元前1000~公元1000年，甘蔗通过海上航行实现了传播。据史料记载，亚历山大大帝东征印度时，其部下曾记载了一种无须蜜蜂就能产生蜜糖的芦苇。公元6世纪，伊朗萨珊王朝国王库思老一世将甘蔗引入伊朗种植。公元8~10世纪，西西里、伊拉克、埃及和伊比利亚半岛等地已经实现大面积种植甘蔗。这些记载再次证明甘蔗的起源大概率为新几内亚地区。按时间推测，甘蔗大约是周朝周宣王时由印度传入中国，开始种植在中国南方；从甘蔗的生理、生态上分析，中国种甘蔗可能源自华南地区，然后逐渐向北推移，汉代以前已推进到两湖地区，到魏晋南北朝时期，已遍布江南地区，唐宋时期的甘蔗分布地域更加广阔，广西、广东、福建、浙江、江西、湖南、湖北、四川、安徽、江苏等地皆有甘蔗种植的痕迹和甘蔗产物的身影，而且已有商人将甘蔗或其产物从江北运至汴京（开封）出售，到明清时期，甘蔗分布已进一步向北推进至河南省南部及许昌一带[20]。

中国人将甘蔗栽培在南方各地，并发展了许多利用甘蔗的方法，如制作糖浆、糖块、糖醋、糖酒等。中国人还将甘蔗与其他作物（如稻米、柑橘、茶叶等）结合，形成了独特的农业景观和饮食文化。

三、第三条传播路线

1000～1800 年，甘蔗的传播活动主要是通过欧洲殖民者的活动实现的。欧洲人从印度、中东和地中海地区引进了甘蔗，并将其带到非洲、大洋洲和美洲的热带与亚热带地区。欧洲人将甘蔗作为一种重要的经济作物，建立了大规模的甘蔗种植园和糖厂，生产出大量的糖和朗姆酒。欧洲人还利用奴隶贸易，从非洲运送大量的奴隶到甘蔗种植园，为甘蔗的生产提供劳动力。甘蔗和糖也加强了欧洲与其他大陆的政治影响力。

1096～1291 年，近 200 年的时间内，欧洲人对耶路撒冷组织了 9 次"十字军东征"。其间，欧洲人从当地学会了甘蔗种植和蔗糖提炼技术。他们不仅在自己占领的区域内种植甘蔗和生产蔗糖，而且从中东地区进口蔗糖或其他甘蔗产品。

最初，蔗糖在当地是非常贵重和稀罕的物品，其地位在当时与来自亚洲的香料等同，仅仅在上流社会和权贵阶层中流传和被享用，普通人只是听说，却无缘得见。13 世纪，意大利著名的哲学家、神学家托马斯·阿奎纳在《神学大全》中曾说："禁食期间无须禁糖，正如药物一样，糖也不会有碍禁食。"在接下来的 500 年中，糖的药用价值得到了广泛的认可和应用，其消耗量与其他用途相当。糖不仅是一种有效的治疗剂，还是一种美观的装饰物、香气的增强剂和食物的保存剂。

15 世纪末，世界蔗糖的生产中心从地中海东北的岛屿——西西里岛和塞浦路斯等地转移到西非几内亚湾的圣多美岛，以及大西洋上的加纳利群岛和马德拉群岛，欧洲人在这些地区奴役大量的非洲人用来发展甘蔗的种植园。随着甘蔗产量逐步增加，市面上流通的蔗糖也越来越多，虽然仍旧价格不菲，但已经不是上流社会和权贵的专属物品了。甘蔗种植和蔗糖生产是当时的暴利产业，但是由于圣多美岛、加纳利群岛和马德拉群岛的面积有限，欧洲人迫切需要找到更大面积的土地用来种植甘蔗。在哥伦布发现新大陆和达伽马到达印度后，甘蔗被带到了新世界——美洲。

甘蔗是一种具有悠久历史和广泛影响的植物，它的起源和传播反映了人类文明的发展和变化，也影响了人类文明的发展和变化，是一种连接不同地区和文化的媒介，它的故事值得我们深入探究和学习。

> **小贴士**
>
> **甘蔗是有性生殖还是无性生殖？**
>
> 甘蔗主要通过蔗茎繁殖，将整根蔗茎分割成双芽苗进行平植或斜植。大部分甘蔗不结籽或雄性不育，只有在特定环境下才能开花结实，给甘蔗杂交育种带来了难题。我国的甘蔗杂交育种主要在海南进行，通过开花调控技术获得优质的甘蔗花穗进行杂交育种。因此，甘蔗主要通过无性繁殖进行生产，有性繁殖主要用于杂交育种，需通过育苗进行。

第五节　古代人们对甘蔗的利用

糖是人类从古至今都不可或缺的东西，它不仅影响了人类的生活方式，也曾引领了经济的发展方向。公元前510年，波斯皇帝大流士侵略印度时发现了"芦苇产蜂蜜却没有蜜蜂"的秘密,从而把甘蔗称为"味道甜美的芦苇",这个秘密的发现为波斯带来了巨大的财富。直到公元642年,阿拉伯人侵略波斯发现了蔗糖的制作方法,并把它带到了北非地区和西班牙。欧洲人发现糖则是在公元11世纪的十字军东征时。返家的十字军兴奋地谈论这种"新的香料"及其美妙的味道。于是在接下来的几个世纪,欧洲与东方开始了源源不断的糖进出口贸易。但糖的价格贵得令人咋舌,是只有贵族才能享用的奢侈品,经历了漫长的时间后,才逐渐变成了普通百姓的日常食品。

古代印度是最早利用甘蔗的地区之一。印度的古代文献中描述了许多关于甘蔗栽培和糖的制作方法。古典文献吠陀中就有关于甘蔗的描述,称之为"伊卡夏"或"伊卡夫",意为"甜茎"。吠陀还记载了用甘蔗汁酿造祭祀用酒——"索玛"的方法。公元前6世纪左右,印度出现了用木槽压榨甘蔗汁,并用陶罐或铁锅将之煮浓制成固体糖块的技术。这种糖块被称为"夏卡拉",意为"碎片",是最早的精制白糖。印度还发明了用灰水或石灰水净化甘蔗汁,提高糖品质的方法。自从人们学会了从甘蔗中提取汁液,将其煮沸浓缩,制成固态的糖块,这种糖块就被广泛用作调味品,添加到食物和饮料中。甘蔗糖也被用于制作糖浆,用于烹饪和制作糕点。

中国古代也有着丰富的甘蔗利用历史。甘蔗是一种无论在温带、亚热带及热带都能生长的农作物,但主要生长在热带和亚热带地区,因为甘蔗对温度、光照、水分和土壤等环境因素有一定的要求。最适宜甘蔗生长的温度为22~30℃,最低温度不低于15℃,最高温度不超过40℃。甘蔗需要充足的光照,每天需要6~8小时的日照;需要较多的水分,种植区域的每年降水量在1000~1500毫米为宜,过多或过少都会影响甘蔗的生长和品质;对土壤类型没有严格的要求,但以砂壤土或壤土为佳,土壤pH值在5.5~8.5为宜,在土层肥沃、深厚、排水良好、通气性好的土壤上种植,产量能更高。中国南方和西南部正是符合这些条件的地区之一。

因此早在战国时期,中国就开始种植和利用甘蔗,不仅用其来制作糖,还用来制作酒。战国时期是中国最早记载甘蔗种植的时代,在屈原的《楚辞·招魂》中有这样描述甘蔗的诗句"胹鳖炮羔,有柘浆些",说明

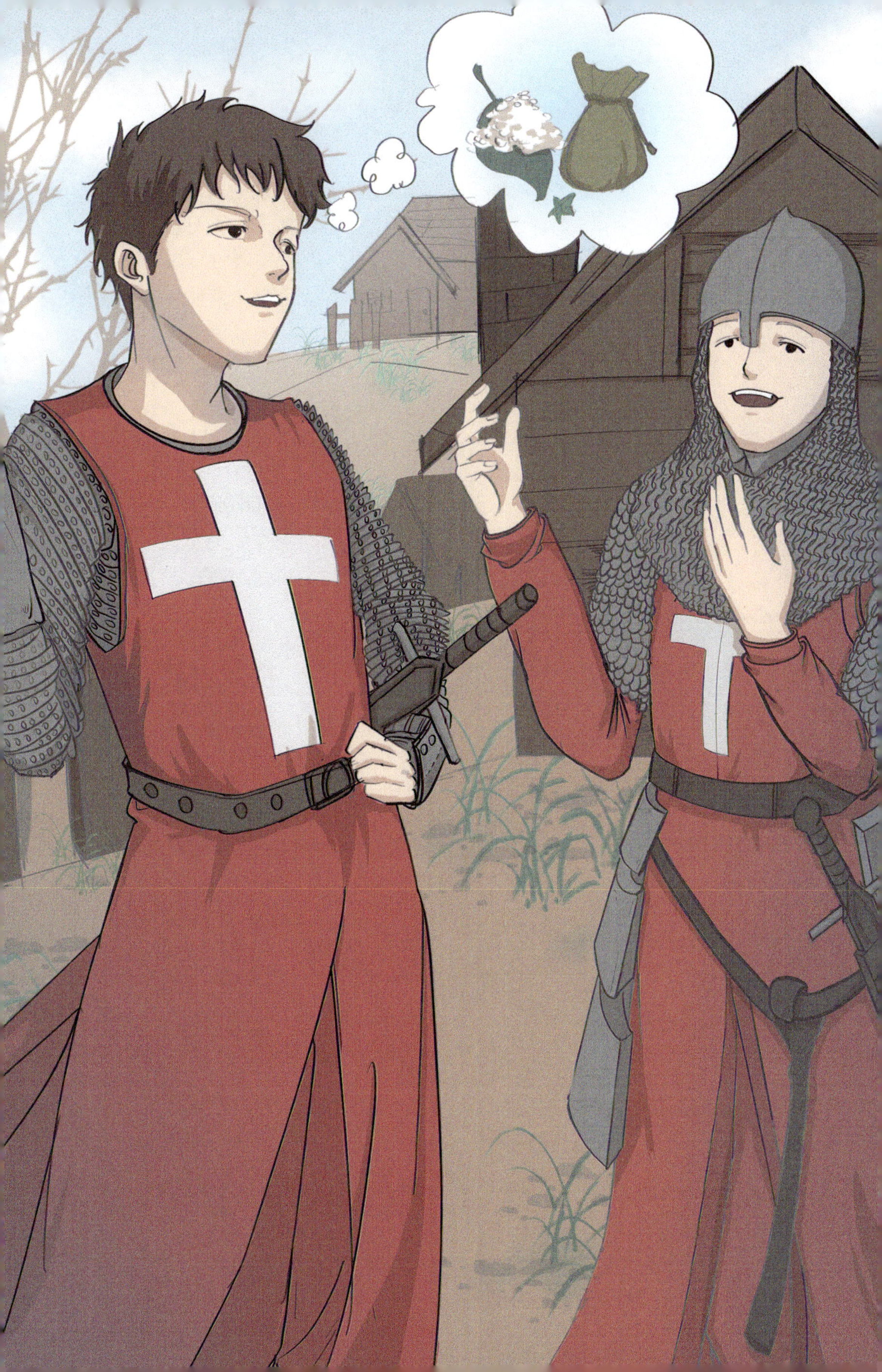

公元前 4 世纪的战国时期，已有对甘蔗种植和蔗糖的初步生产的记载。这里的"柘"即蔗，"柘浆"是从甘蔗中取得的汁。此外，还有一些其他地方的考古发现也证明了中国古代对甘蔗的种植和利用，如广西壮族自治区桂林市阳朔县的白沙遗址、福建省福州市闽侯县的上街遗址等[21]。

人们将甘蔗汁液发酵，得到一种叫作甘蔗酒的酒精饮料。甘蔗酒在宴会和庆典活动中被人们广泛享用。中国古典文献《诗经》中就有关于甘蔗的描述，称之为"苇"或"苇茂"，意为"多汁"。《诗经》还记载了用"苇汁"酿造美酒"苇醴"的方法。公元前 5 世纪左右，中国出现了用水车驱动碾轧机压榨"苇汁"，并用铜锅将其煮浓制成液体糖浆或固体糖饼的技术。这种糖饼被称为"蜜饯"，意为"甜食"，是最早的粗制红糖。中国还发明了用竹筒或陶罐装载"苇汁"，让其自然发酵成为醋的方法。

中国的语系中早有"柘"或"薯柘"一词，后来"柘"字衍作"蔗"。《诗经·小雅·斯干》中有"柘如削成"之句，《尔雅·释草》中有"柘若竹"之说，《山海经·海内北经》中有"柘之山"之地，《礼记·曲礼上》中有"柘之酒"之物，《周礼·春官宗伯·大司农》中有"柘之税"之制，《汉书·食货志》中有"柘之糖"之法，《本草纲目》中有"柘之功效"之论，表明在中国古代，人们很早就认识并使用甘蔗。唐代有数首关于甘蔗的古诗，如白居易的《江陵慢游》："山魂采草换甘蔗，夜到清江一觉连"；李白的《梦赵飞燕》："远近甘蔗千竿，初见语笑皆堪"；杜牧的《登高》："斗鸭头，酥黄甘长依依。断续鱼笺书带雨，山人夜宿楚云归。"此外，甘蔗在欧洲中世纪的草药医学中也有一定的应用。甘蔗汁液具有滋补身体的功效；甘蔗汁被用作草药制剂的成分，被认为可以维持健康和治疗疾病。这些文献记载表明，甘蔗在中国古代的文化、经济、医药等方面都有重要的作用，人们有长期种植和使用甘蔗的历史和文化。

古代的人们将甘蔗视为一种重要的食物和饮料来源。他们利用甘蔗制作糖块、糖浆、甘蔗酒等甜味食品和饮料，满足了人们对甜食的需求。当时，甘蔗的高价值和稀缺性使其成为奢侈品，只能被贵族和富人食用。

此外，甘蔗还在草药医学中被用于治疗疾病和保健。人们对甘蔗的这些利用方式展示了甘蔗在古代社会中的重要地位和价值。

> **小贴士**
>
> **甘蔗的宿根性——一劳永逸？**
>
> 甘蔗是一种多年生植物，收割时只用收割茎部，根部仍留在土壤里，可以重新分枝生茎。宿根性好的甘蔗品种可以连续生产多年，国外甘蔗宿根年限为5~6年，国内甘蔗一般为3年。宿根性好的甘蔗品种能降低种植成本，因此近年来我国也在培育宿根性好的新品种。一般甘蔗宿根寿命达到6年就很不错了，但在印度洋的普格里卡岛和中国福建松溪县发现的甘蔗宿根可以生长更长时间，可达到25年，甚至百年之久。因此，在甘蔗种植中实现"一劳永逸"也是可能的。

第六节 蔗既是最甜的作物也是可持续发展的驱动力

甘蔗是含糖量最高的植物，一根成熟的甘蔗茎榨出的蔗汁含有近700毫摩尔蔗糖，是有记录以来含蔗糖浓度最高的植物组织。甘蔗在超过90个国家都有种植，全球约80%的食糖来自甘蔗。同时，甘蔗也是我国最重要的糖料作物，我国白糖的生产有90%以上都是以甘蔗为原料。我国是仅次于巴西和印度的世界第三大食糖生产国，同时，我国也是食糖的消费大国，是食糖进口大国之一。

甘蔗为什么那么受欢迎？主要还是因为甜的味道让人着迷。甘蔗是最甜的作物，不只是人会被它吸引——如果你细心观察就会发现，一颗糖掉在地上很快就会吸引到蚂蚁等各种大小动物过来取食。熟透了的果实也会如此，这是糖的魅力。糖是所有动物的直接能量来源之一，在物质不太丰富的时代，我们并不能保证每一餐都获得足够的能量，而甜味传达的恰恰是"高能量"的信息。人体所需能量的50%～70%来自糖的氧化过程，当血糖浓度降低时，会对人的大脑产生影响，并间接增加肝脏和肾脏的负担。正因如此，人类进化出了嗜甜的特性。肠道-大脑轴的糖感觉通路对人类的糖偏好的形成至关重要。甜食其实最先勾引的是一个人的肠道[21]。甜食中的糖分在与人体接触后发生化学变化，并产生大量的多巴胺，通过不断的吸收与溶解，多巴胺通过血管流至全身，最后刺激神经致使人体进入亢奋状态。但通过实验发现，动物即使缺乏甜味感受器，也会对糖类产生强烈的偏好，这意味着存在一种独立于味觉系统之外的糖类感知机制，它可以激励并增加机体对糖类的摄入、利用和消耗，同时也说明嗜糖不是人类独有的特性。

人工蔗糖，也就是我们日常所消费并被我们称为"糖"的碳水化合物提纯制品，其两种主要的生产原料分别是甘蔗和甜菜。甜菜作为生产糖的原料不过是到了19世纪中期才崭露头角，而甘蔗作为最主要的蔗糖原料其历史却已逾千年或更久。公元前500年左右，印度人开始从甘蔗中提取糖，这可能是目前发现的世界上最早的制糖技术了。栽培甘蔗的糖分含量通常在10%～15%。生产糖，首先要压榨甘蔗获取汁液，然后通过蒸发和结晶过程来提取糖分。

在近代，随着工业化的发展，人们开始使用更加精细的方法来生产糖——这有利于精炼糖的大量生产。而近年来，随着人们对健康和天然食品日益重视，红糖和其他非精炼糖的消费量也在逐渐增加。红糖，也被称为非精炼糖或全蔗糖，是一种保留了部分甘蔗原汁的糖。它的颜色比精炼糖更深，味道也比精炼糖更为浓郁，因为它保留了甘蔗的一些天然矿物质和维生素。红糖的生产已经有很长的历史，尤其在亚洲和非洲的一些地区。我国广西一带还保留着传统的红糖制作技术，通过这种技

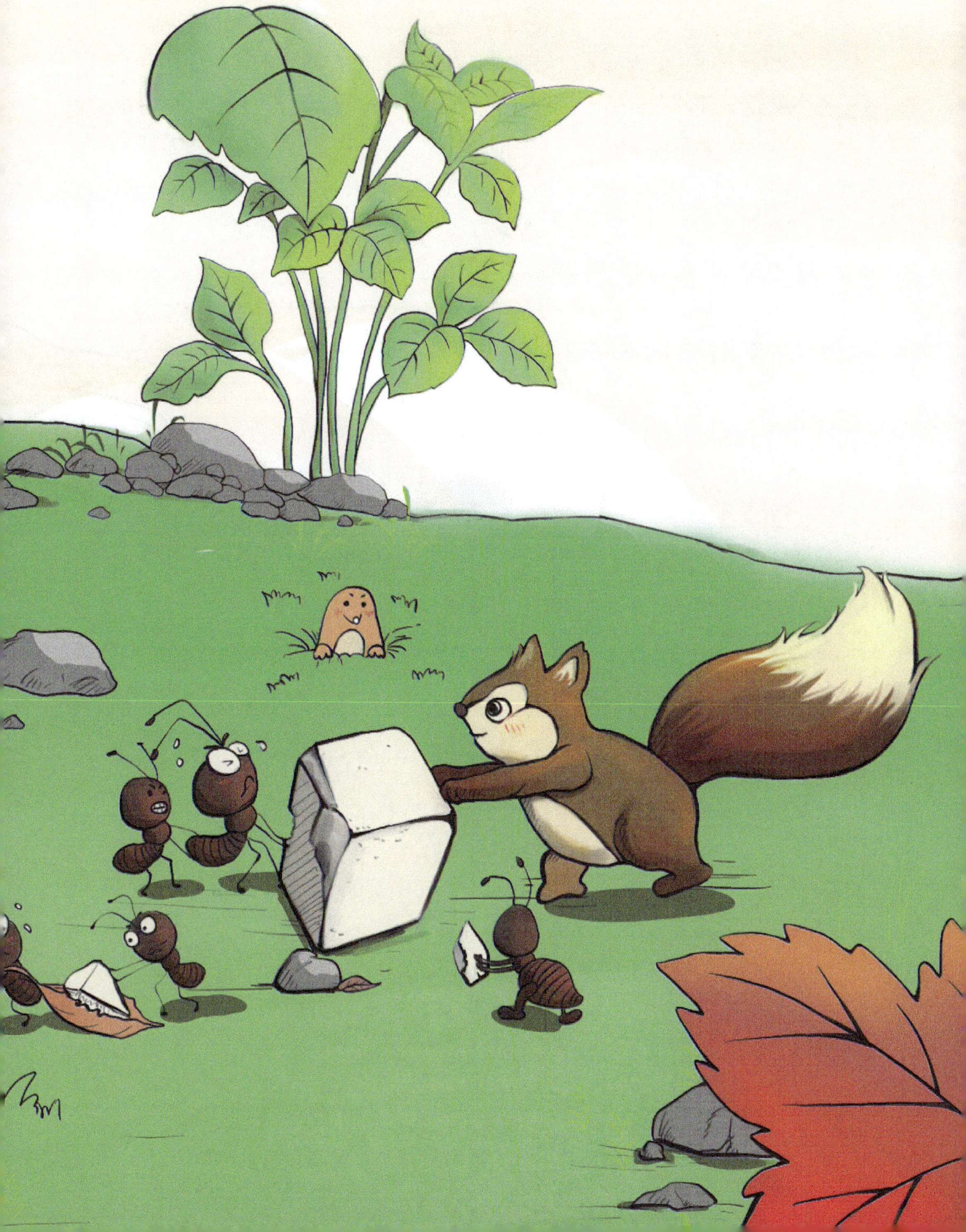

术制作出来的红糖深受消费者喜爱。

甘蔗除了可以直接啃食和用来制糖外，还可以用来生产乙醇。事实上，甘蔗为世界提供了约40%的生物乙醇。同时，甘蔗是世界上最高产的作物之一，生物量的积累速率可以高达550千克/（公顷·天），这种特殊能力使其在依赖生物质能源的经济体中对人类非常有吸引力。甘蔗强大的生物量积累能力至少一部分与 C_4 植物光合作用有关，其高水平的生物质生产能力和生产生物乙醇的效率使甘蔗成为生物能源生产的主要作物。尤其在致力于减少碳排放，倡导可持续发展的今天，甘蔗的特性使其迅速成为世界上的重要作物之一。

巴西是世界上最大的以甘蔗为原料生产生物燃料乙醇的国家，2020年生物乙醇的产量达到3亿升，占全球产能的30%；巴西也是全球第三大燃料乙醇消费国，这得益于巴西"酒精计划"（Pro álcool）的启动。巴西政府为了解决由于地缘政治引起的石油危机，大力推动甘蔗乙醇产业的发展，加上乙醇汽车产业的加入，巴西在减少温室气体排放、提高城市空气质量等方面取得了卓越的成绩；其在甘蔗乙醇方面的生产决策甚至能直接对世界生物能源的价格产生影响。燃料乙醇无疑是目前缓解能源危机和实现碳中和的最好的选择之一，而且乙醇燃烧的产物是二氧化碳和水，清洁无污染，除了甘蔗外的很多粮食作物都可以用来生产乙醇，可以说来源广泛，不用担心能源耗竭问题。

小贴士

甘蔗全身都是宝

甘蔗的茎秆主要用于生产蔗糖和乙醇，甘蔗制糖剩下的甘蔗渣可以用来制作燃料、熏制腌腊制品，并提取木糖醇用于食品制造，还可以用来制作纸张、纤维板、碎粒板等。此外，甘蔗废渣和废液可用作甘蔗的肥料。总之，甘蔗在生产完蔗糖后剩下的物质可以用于多种产品的制造和作为肥料使用。

第七节　甘蔗是醉人酒也是救人的"药"

上文提到甘蔗可以用来生产乙醇，也可以用来酿酒，其中以朗姆酒最为出名。朗姆酒的原料主要是甘蔗糖蜜、甘蔗汁。16 世纪，西印度群岛有了甘蔗种植园，人们用古老的方法炼糖。制糖结束后剩余的一种含高分子的残液——糖蜜，无法再继续提纯、精制蔗糖了，当时人们主要用来制作食物或饲料。后来人们发现糖蜜还可以用来酿酒。于是朗姆酒诞生了。古巴就是朗姆酒的诞生地。朗姆酒由糖蜜经过发酵、蒸馏后酿成，古巴人经过多年的精心酿制、改进工艺，使其有一种独特的、无与伦比的口味，成为很多人喜欢喝的酒。在大航海时代，朗姆酒直接成了水手们的"灵魂伴侣"。朗姆酒不过是甘蔗制糖业的副产品。而当时通过"废弃物"酿制而成的朗姆酒，现在已经发展成为独立的酒水品类，为很多人所喜爱。

我国种植甘蔗至今约有 2500 年的历史了，用甘蔗和甘蔗制成的糖作为药来治病，大概也有 1000 年以上。甘蔗用作药治病，最早可以追溯到汉代，到唐代已相当普遍。那时，古人就已经用"柘浆"（即蔗汁）作解酒之"药"了，即"消残醉"。西汉时期的文学家东方朔在《神异经》里说过甘蔗"可以节蚘（蛔）虫"。盛唐时期著名的山水田园诗人王维的"饱食不须愁内热，大官还有蔗浆寒"诗句，是说那些每日饱食酒肉山珍的达官贵人不愁腹内积热患疾，是因为有了清热、生津、润燥等功效的甘蔗。李时珍的《本草纲目》也有相关记载："其浆甘寒，能泻火热。"印度的《摩诃僧祇律》一书中就有这样的记载："有谓甘蔗，体是时药，汁为更药。"

虽说古代的记载缺乏科学依据，但是在现代，人们确实在利用甘蔗辅助治疗疾病，如将甘蔗蔗汁与姜汁混匀后咽服，以缓解妇女妊娠呕吐反应。用甘蔗生产的蔗糖还被广泛应用在各类药品糖衣、药品添加剂和安慰剂上。

  需要注意的是，如果有任何健康问题，应咨询医生或其他专业医疗保健提供者，以获取准确的诊断和治疗建议。

  如今，甘蔗与人类生活已经分不开了，好在现在机械化生产已经在很大程度上替代了劳工，黑奴贸易的历史已经离我们而去了。甘蔗主要用来生产蔗糖和生物燃料，但其产物已经在无形中渗透进生活的方方面面。甘蔗在食品、能源、经济等领域都具有重要的地位，对于全球各地区的人类生活和经济发展都有着重要的影响。

本章作者：王天友　万碑元　徐益　张积森

本章参考文献

[1] Zhang J, Zhang X, Tang H, et al. Allele-defined genome of the autopolyploid sugarcane *Saccharum spontaneum* L. [J]. Nature Genetics, 2018, 50（11）: 1565-1573.

[2] Walvin J. Sugar [M]. New York: Simon and Schuster, 2018.

[3] 汤养宗. 甘蔗林（组诗）[J] 诗刊, 2021, 854: 18.

[4] Mukherjee S K. Origin and distribution of *Saccharum* [J]. Botanical Gazette, 1957, 119（1）: 55-61.

[5] Mintz S W. Sweetness and power: The place of sugar in modern history [M]. London: Penguin, 1986.

[6] Hodkinson T R, Chase M W, Lledó D M, *et al.* Phylogenetics of *Miscanthus*, *Saccharum* and related genera（*Saccharinae*, *Andropogoneae*, *Poaceae*）based on DNA sequences from ITS nuclear ribosomal DNA and plastid trnL intron and trnL-F

intergenic spacers [J]. Journal of plant research, 2002, 115: 381-392.

[7] Lloyd Evans D, Joshi S V, Wang J. Whole chloroplast genome and gene locus phylogenies reveal the taxonomic placement and relationship of *Tripidium* (*Panicoideae*: *Andropogoneae*) to sugarcane [J]. BMC evolutionary biology, 2019, 19: 1-20.

[8] 董广蕊, 石佳仙, 侯藺玲, 等. 甘蔗基因组研究进展[J]. 生物技术, 2018, 28 (3): 296-301.

[9] 张木清, 姚伟. 现代甘蔗栽培育种学[M]. 北京: 科学出版社, 2021.

[10] Chen J C, Chou C C. Cane sugar handbook: a manual for cane sugar manufacturers and their chemists [M]. New York: John Wiley & Sons, 1993.

[11] Grivet L, Arruda P. Sugarcane genomics: depicting the complex genome of an important tropical crop [J]. Current Opinion in Plant Biology, 2002, 5 (2): 122-127.

[12] Denham T P, Haberle S G, Lentfer C, et al. Origins of agriculture at Kuk Swamp in the highlands of New Guinea [J]. Science, 2003, 301 (5630): 189-193.

[13] 方静平, 阙友雄, 陈如凯. 甘蔗属起源及其与近缘属进化关系研究进展[J]. 热带作物学报, 2014, 35 (4): 816-822.

[14] 〔日〕川北稔. 一粒砂糖里的世界史[M]. 赵可译. 海口: 南海出版社, 2018.

[15] 季羡林. 糖史[M]. 南昌: 江西教育出版社, 2009.

[16] Zhang Q, Qi Y, Pan H, et al. Genomic insights into the recent chromosome reduction of autopolyploid sugarcane *Saccharum spontaneum* [J]. Nature Genetics, 2022, 54 (6): 885-896.

[17] Wang T, Wang B, Hua X, et al. A complete gap-free diploid genome in *Saccharum* complex and the genomic footprints of evolution in the highly polyploid *Saccharum* genus [J]. Nature Plants, 2023, 9 (4): 554-571.

[18] 李春辉, 苏振兴, 徐世澄. 拉丁美洲史稿[M]. 北京: 商务印书馆, 1993.

[19] 林国栋, 陈如凯, 林彦铨. 甘蔗的起源与进化[J]. 甘蔗, 1995 (4): 1-9.

[20] Tan H-E, Sisti A C, Jin H, et al. The gut-brain axis mediates sugar preference [J]. Nature, 2020, 580 (7804): 511-516.

第二章
甘蔗对古代人类文明的影响

  自古以来，人类便对甜味情有独钟。在古代，人们就已经开始栽培和利用甘蔗。中国和印度是最早栽培甘蔗的国家，同时甘蔗又促进了社会和文化的发展。利用甘蔗生产的糖在西方社会长期被视为珍宝，只有上层社会才有机会享用，直到17世纪晚期，平民百姓才消费得起。

人类一直对甜味情有独钟。古时候，热带地区的人类会利用不同的作物来得到甜味：中国人用甜棕榈树的汁液制糖，非洲人则会用多汁液、味甜的甜高粱来制糖，生活在赤道上的新几内亚人则更喜爱榨取甘蔗的汁液作为制糖原材料。

第一节　甘蔗对社会的影响

一、甘蔗在东方社会发展中占据重要地位

甘蔗的大量生产，对人类社会产生了重大的影响。甘蔗的传入改进了中国古代的栽培技术。我国的甘蔗栽培技术在汉代以前并没有具体记载，从三国时期直至唐代，也只有零星的记录，只能知道当时人们主要栽培春植蔗，并且已经能够根据不同品种的特性，在不同的地区（如大田、园圃和山地）采用适宜的栽培方式。同时，人们也开始注重良种的繁育和引种，以提高甘蔗的产量和品质。随着时间的推移，特别是在宋元时期，人们对甘蔗的加工利用技术得到了进一步的发展，使得甘蔗在农业生产中的地位日益重要，甘蔗栽培技术也得到了快速的发展和改进。

在耕作制度方面，主要采用与谷类作物轮作技术，轮作周期根据土地利用的实际情况而定。在土地较为广阔的地区，人们通常会在种植水稻三年后转而种植甘蔗，这样做的目的是恢复土壤的肥力，同时也能有效抑制病虫害的发生。在耕地过程中，古人特别重视"深耕"和"多耕"的方法，以使土壤更为疏松和富饶。如元代《农桑辑要》提到栽蔗后必须进行灌溉，但应以润湿根脉为度，不宜浇水过多，以免破坏土壤的结

构；宋应星在《天工开物》中提到种甘蔗下种时两芽要平放，不可一上一下，以防向下者难于破土生长，从而保证蔗株生长得均匀、整齐；《番禺县志》记载甘蔗可套种于棉花地，不但可以提高土地的利用率，而且还可以遮阳、抑制杂草的产生；屈大均在《广东新语》中介绍的用水浸种，待种苗萌芽后栽种，以及剥去老叶，使蔗田通风透光；等等。上述古人记载的宝贵经验，对于今天的农作物种植仍有非常重要的参考价值。

从古至今，印度半岛都是蔗糖生产的中心。甘蔗因其特色而在佛教文化中占据一定的地位，并引发了很多的传说。如唐朝初年正值佛教全盛时期，南诏国王在长安宫廷中献演一个名叫"甘蔗国王"（King of Sugarcane）的舞蹈，蕴涵了"佛对众生的开示，一如甘蔗，众生皆享其甜润"[1]。

不论在印度还是中国，都有关于蔗糖药用的记载，中医是否受到印度宗教的影响我们不得而知，但是医术的交流带动了宗教的传播。印度医生查拉卡在其医学书籍中写道："饮用甘蔗汁，辅以咀嚼甘蔗茎，可生精固本，润肠通便，养颜塑体，清热化痰。"[2]所以历史学家认为，是印度人最早开发了提取和煮沸甘蔗汁制糖的工艺。通过僧人和已经失传的典籍的翻译，如"婆罗门药方"等，印度的医学知识渗透到了中国的医学文献中。在这些文献的影响下，糖的用途在唐代开始广泛受到关注。尽管由于文献缺失，唐代对于糖的认识与印度对糖的了解之间的关系并不确定，但可以确定的是，到了7世纪，中国对蔗糖的认知与之前有了明显的差异：著名的医生、生物学家陶弘景，在《名医别录》中提到了"广州一种，数年生，皆如大竹，长丈余，取汁以为糖，甚益人"；659年，由苏敬主编的《新修本草》中关于糖特性的描述："甘蔗，味甘，平，无毒。主下气，和中，补脾气，利大肠。石蜜，味甘，寒，无毒。主心腹热胀，口干渴，性冷利……煎炼砂糖为之，可作饼块，黄白色；砂糖味甘，寒，无毒，功体与石蜜同，而冷利过之"，与印度文献中的介绍相似。无论是受印度的影响，又或是随着传统观点的发展，蔗糖的药用价值使得甘蔗汁和砂糖在《本草纲目》等药典中被定为清凉剂[3]。

糖还可以作为保存剂使用。在宋代，制糖技术得到了阶段性的进步，人们改进了糖的结晶技术，可以从糖蜜中完整分离糖的结晶体，使得糖不那么容易受潮，能保存多年。用糖腌水果，能够掩盖酸味和过熟的味道，阻止细菌的活动，延长容易腐烂水果的贮藏时间；制成蜜饯的水果在杭州和开封的大街小巷都广受欢迎，小贩们肩挑背负地叫卖；而装满了蜜饯的精巧瓷瓶，也成为城区有钱人家争相追捧的时髦物件。在张择端的《清明上河图》中，描绘了卖甜品的小贩在街道拐角设摊贩售糕点、蜜饯和各种糖果。

甘蔗不仅是一种食材，更是一种文化符号。在印度文化中，甘蔗被视为神圣的植物，代表着丰收和幸福。在中国文化中，甘蔗也被赋予了深刻的文化内涵。在古代文学作品中，甘蔗常被用来表达对生活的态度和追求。如唐代诗人王维在《樱桃诗》中写"饮食不须愁内热，大官还有蔗浆寒"，而宋代诗人苏轼也写下了《甘蔗》："笑人煮簀何时熟，生啖青青竹一排"，借此表达了自己满腹才华，却因刚正不阿的性格而不被世人理解，抒发了他怀才不遇的愤懑之情。

古时的甘蔗除了可以用来制糖，还可用以酿酒、产醋、造纸、做香料等。《隋书·南蛮传》有赤土国"以甘蔗作酒，杂以紫瓜根"的记载；在《糖霜谱》中记录了用甘蔗渣生产醋的工艺——"已榨之后，别入生水重榨，作醋极酸"。此外，在历史长河的文字记录中，提到了如何利用蔗渣造纸、制香料、作饲料等。甘蔗在不同产业中得到广泛应用，并逐步形成了对甘蔗的全面利用模式，为当时的社会提供了丰富的生产和生活来源。

二、甘蔗在西方社会中的地位变化

在西印度群岛的制糖业兴起以前，蔗糖在欧洲不像今天那样触手可及。地理大发现之前的英国人食用的糖大部分是玫瑰糖、埃及糖、贝扎糖、摩洛哥糖等，相比于蔗糖，这些糖的杂质含量较高，品相也比不上蔗糖。据说8世纪时英国历史学家和神学家比德在去世前赠给朋友的珍宝中就包括蔗糖。

人们公认蔗糖最早是 12 世纪出现在英国的，英国国王亨利二世的账本中曾提到过关于糖的开销，英国王室成员成为最早的糖狂热爱好者。1226 年，亨利三世要求手下的官员为他购买 3 磅①埃及糖，这在当时是一笔巨额开销。到 13 世纪末，英国王室一年消费各类糖的总量近 6000 磅。除了王室之外，各类达官贵人也是糖的主要消费者，包括大主教、伯爵等。这一时期的糖价十分高昂，只有王亲贵胄才能负担得起。一直到 17 世纪晚期，糖才能被平民百姓消费得起，甚至有穷人为了一品那诱人的甜味，宁肯减少购买其他维持生活的重要食材。

糖在 16 世纪前的欧洲并不是以食用为主，更多的是被当作药物来使用：许多欧洲人长期营养不良，而糖含有大量的热量，对于缓解头晕等症状有立竿见影的效果，所以蔗糖一度被欧洲人民奉为神药，甚至诞生了"像没有糖的药剂师"这样用来比喻绝望和无助的状态的俗语。12 世纪拜占庭帝国的御医就已经把砂糖当作退烧药，开的处方中有糖渍玫瑰花露。在之后很长一段时间里，西欧都很重视这种玫瑰花露，特别是在治疗结核热时会将其用作退烧剂。不光是玫瑰花，其他食品也被人们用糖渍的技术加以保存。这本来就是砂糖的另一种用途，即利用糖保藏食品。

在初始阶段（11 世纪），蔗糖与来自亚洲的香料一样，被视为非常珍贵和稀有的物品。除了被当作药物，蔗糖在那时只在权贵阶层和上层社会中传播，成为一种只有王室、贵族和高级神职人员才能品尝的调味品。因此，蔗糖成为普通大众几乎难以见到的奢侈品。纯白晶莹的砂糖，即使单从其色泽来看，也可以想象出其熠熠流光的神秘韵味，再加上味道甘甜、价格昂贵，权贵会把大量砂糖用作装饰品来彰显自己的财富和地位[4]。中世纪以来，欧洲的国王和贵族们争先恐后地把砂糖用作宴会的装饰品，认为这是情理之中的事情，在英国王室的餐桌上如果没有糖，是一件非常丢脸的事。

后来，糖成为广泛使用的调味品，这与茶和咖啡的普及有很大的关系。16 世纪初，葡萄牙人开始在中国沿海城市（如广州、福州等地）与

---

① 1 磅≈453.59 克。

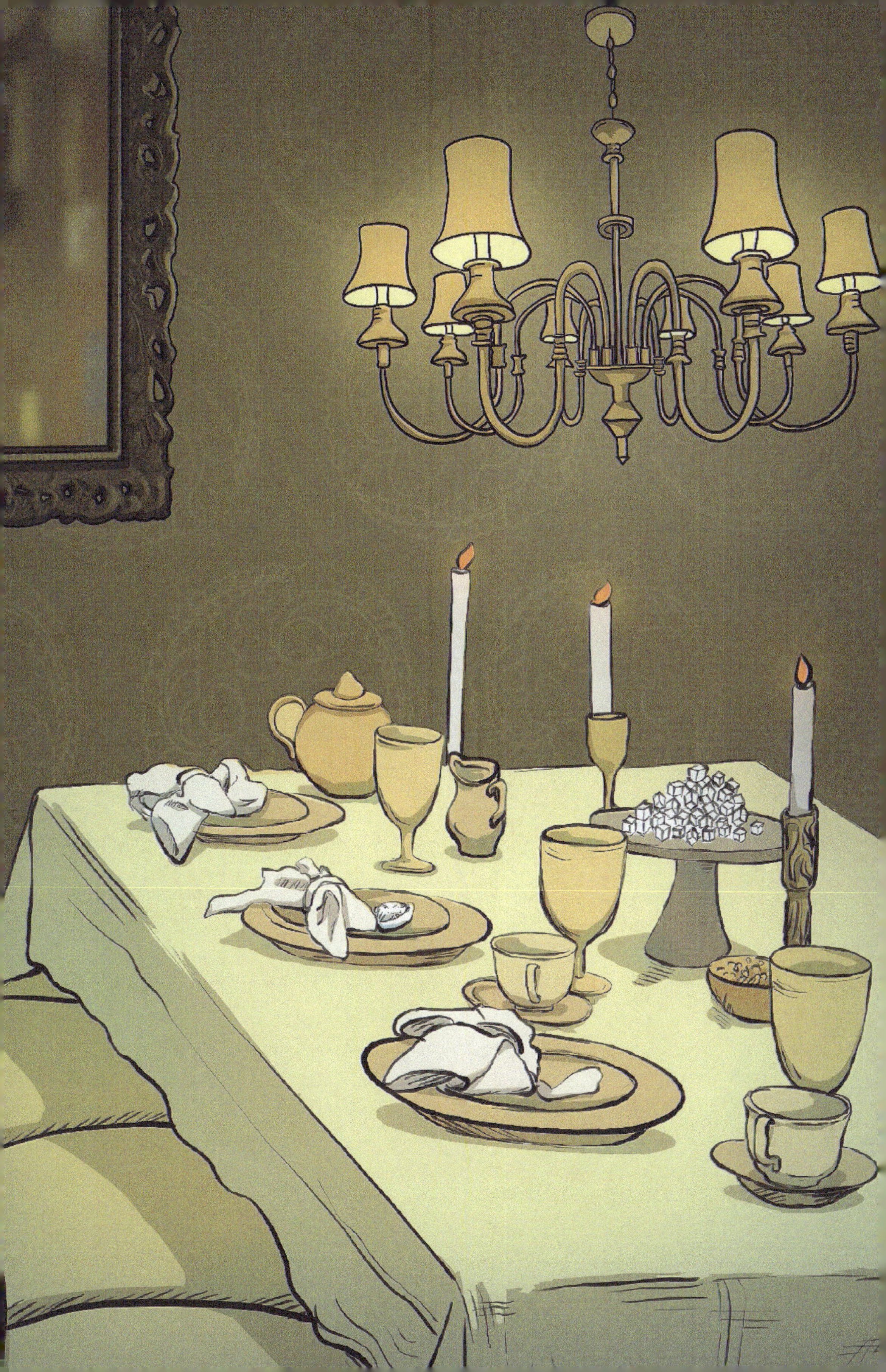

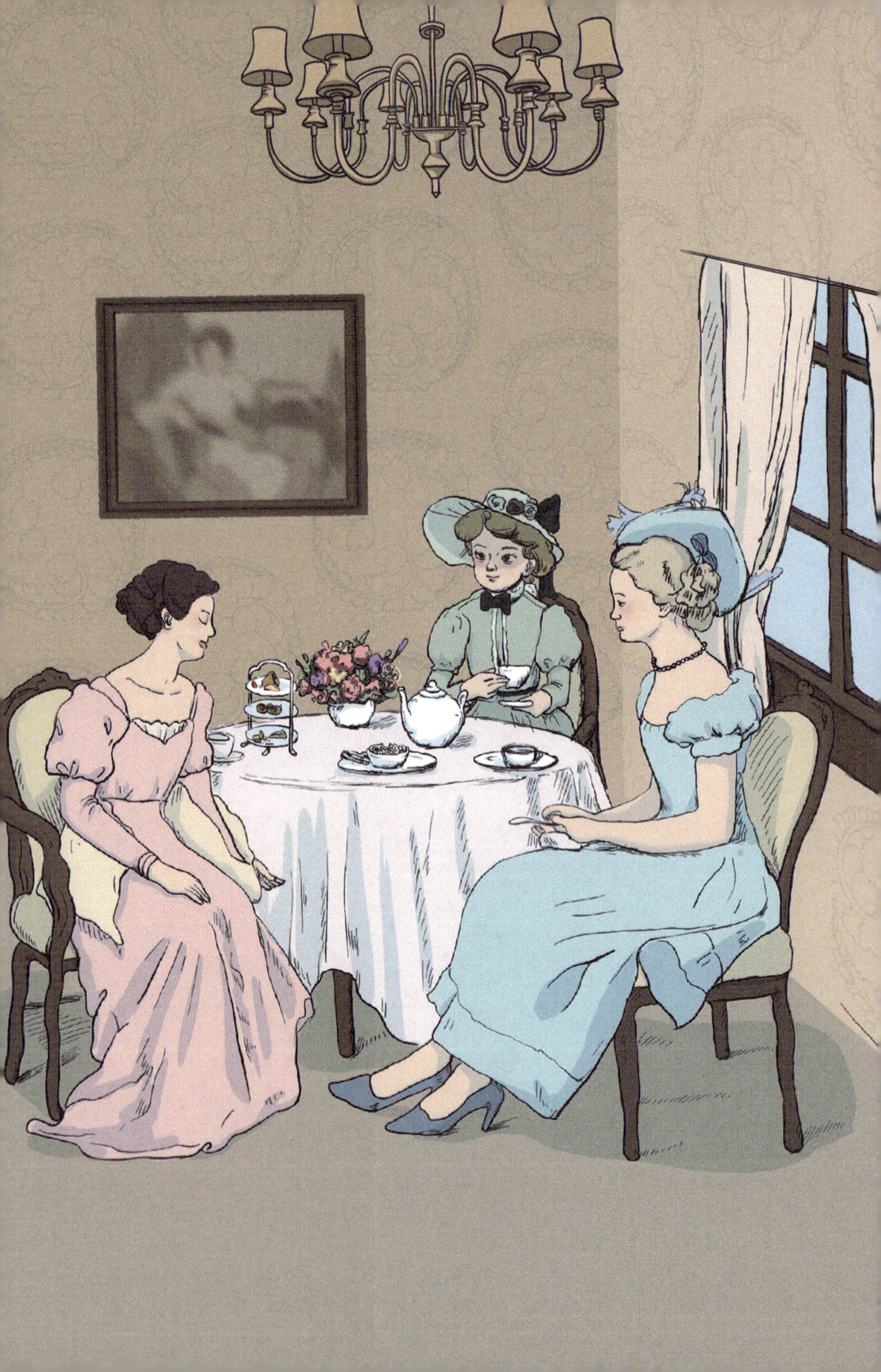

中国进行贸易，他们发现了中国的茶叶，并将其带回欧洲。在此之前，欧洲几乎没人知道茶叶，因此，当第一批茶叶传入欧洲时，立即引起了欧洲人浓厚的兴趣。随着时间的推移，茶逐渐成为一种流行的饮品，受到了欧洲贵族和上层人士的喜爱，但直到 18 世纪，茶叶才开始普及到欧洲的中产阶级和工人阶级。在 19 世纪，英国东印度公司开始在印度和其他殖民地种植茶叶，这导致茶叶的价格下降，使更多的人能够购买和享用茶叶。今天，茶已经成为西方文化中不可或缺的一部分，有许多不同的品种和口味可以选择。早在 17 世纪的英国，来自亚洲的茶叶和加勒比海的蔗糖邂逅，红茶和糖在英国人的杯子里完美融合，成为此后几百年的时尚潮流。英国以其红茶和下午茶文化而闻名于世，尽管本国并非茶叶的产地，却创立了世界知名的茶品牌如立顿、康宁、伯爵等。

第二节　战火纷飞下的蔗糖

一、东方国家战火中的蔗糖

蔗糖的"战线"还在往东方延伸。1557 年，葡萄牙人以非法手段占领我国澳门，此后便以澳门为基点，将广东、福建等地收购来的蔗糖运往日本等地出售。荷兰为了从中获利，也利用航海舰队的优越条件，积极向外扩张，尾随西、葡将势力扩张到东方。1622 年 6 月，荷兰率领舰队攻击澳门，葡萄牙坚守澳门进行顽强抵抗，荷兰遭受重创后从澳门撤离前往澎湖列岛。1622 年 10 月，荷兰再次在澎湖列岛筑城据守，一再进犯福建沿海。荷兰殖民者的暴行引起了沿海军民的愤怒和抵抗。1623 年，明朝开始实行海禁并令福建巡抚南居益攻打澎湖列岛，对荷兰形成包围之势,荷兰人战败,明廷收复了澎湖列岛。

荷兰人在被驱逐出澎湖列岛后,于1624年8月26日退到了大员,即今天的安平。自此,荷兰人占据了我国台湾,开始了长达38年的殖民统治,并将台湾作为主要的贸易据点,积极开展亚洲贸易。据《台湾通史》记载,台湾是当时世界上最为主要的产糖区之一,荷兰人遂通过各种强制手段,"收购"台湾蔗糖以满足欧、亚市场的需求。为了得到更多的蔗糖供应,荷兰人还积极鼓励台湾人民种蔗制糖、引诱国人到台湾开垦甘蔗园,并在福建、广东收购蔗糖,通过台湾转运到其他市场。1650年,台湾甘蔗园面积最高达到2928摩根(约2500万平方米),台湾成为荷兰东印度公司最为重要的蔗糖供应地。荷兰东印度公司凭借台湾优越的地理位置,将大量的台湾糖输入日本以获取利润。台湾逐步变成了"东方甜岛"。荷兰殖民主义者的剥削和暴行必然引起反抗。1662年,郑成功率军收复台湾,结束了荷兰东印度公司在中国台湾的经营,这既是维护中国主权的战争,也是抢夺蔗糖资源的战争[4]。

二、西方国家战火中的蔗糖

由于奴隶贸易和砂糖贸易有丰厚的利润,因此在种植园主、砂糖商人、奴隶贩子之中出现了大富豪。他们把自己的子女送到英国,和上流阶层的子弟接受同样的教育。这些孩子在很小的时候就离开加勒比海,在英国长大成人。他们过着奢侈的生活,只把加勒比海的家业当作摇钱树。17世纪下半叶开始成为世界砂糖生产中心的牙买加,其原住民加勒比人因西班牙人带来的疾病和其苛刻的剥削而人口数量锐减,存活下来的人也只能生活在尽是岩石的岛上,最终成为无法无天的海盗,袭击西班牙的货运船队。

西班牙在西半球的殖民活动中赚得盆满钵满,英法两国见状眼红不已。1522年,在法国国王授意下,六艘法国海盗船在亚速尔群岛打劫了从美洲返回的西班牙商船,将两船珠宝、一船蔗糖尽数运回法国[5]。这种行为按当时的惯例,就属于合法的战争行为。法国海盗也自此不断向加勒比海渗透。

西班牙人起初联合英国来遏制法国。1558 年伊丽莎白一世继位后，在接下来的 15 年里，英国每年有 100～200 艘私掠舰在大西洋上劫掠西班牙的船只货物。英国和西班牙开战期间，英国的海盗从西班牙船只上共抢走了价值十几万英镑的蔗糖（当时英国财富总额是 1700 万英镑）。靠这种劫掠迅速崛起的英国海上力量，在 1588 年英西战争期间击败了西班牙无敌舰队。

此后，在加勒比海域，英国和法国不断对西班牙的领地进行蚕食和瓜分，分别建立了各自的西印度群岛殖民属地。1624 年，加勒比的巴巴多斯成为英国的殖民地，到 1640 年 3 月，英国殖民者在这里试种的第一批甘蔗获得丰收，被加工做成糖浆后贩运回欧洲[5]。最初在巴巴多斯种植甘蔗的英国人德拉克斯，甚至因此获得了男爵头衔。

1581 年，尼德兰北部诸省联合成立了荷兰联省共和国。这个新兴国家在全球范围内积极争夺殖民地，扩展势力范围，并展开广泛的贸易活动。1624 年，荷兰开始入侵包括萨尔瓦多在内的葡萄牙在美洲的甘蔗种植地区。荷兰西印度公司也是靠打劫西班牙美洲船队起家，并且也在加勒比海夺取了一些产糖岛。

在殖民地生产的砂糖等世界贸易商品可以带来丰厚的收入和利益。为了争夺殖民地的支配权以及确保本国在殖民地的最大利益，英法两国在整个 18 世纪一直战火不断。以蔗糖为代表的殖民地利益纷争，开始牵动乃至直接影响了欧洲宗主国之间的争端。

西班牙在南美拥有广阔的土地，但是缺少生产砂糖的劳动力，因此西班牙决定与贩卖奴隶的国家签订合同，用丰厚的报酬从这些国家购买劳动力。从事奴隶贸易的英国、法国、荷兰和葡萄牙等国都争相与西班牙合作。为了争抢与西班牙的合作，引发了一系列的战争。

三、夏威夷的历史：蔗糖的殖民与土地争夺

1959 年 8 月，夏威夷正式成为了美国的第五十个州。

谈及夏威夷，许多人都会联想到绝美的异域风光和热情的草裙舞，那里是令人向往的度假胜地。然而，美国与夏威夷州之间的过往却鲜为人知：就像殖民者对美洲印第安土著的作为一样，夏威夷原住民所遭遇的经历有过之而无不及。

数个世纪以来，夏威夷群岛一直处于不同派系的统治之下。直到 1810 年，国王卡美哈梅哈（Kamehameha）统一了夏威夷群岛，建立了一个统一的夏威夷王国。从国王卡美哈梅哈到女王利留卡拉尼（Lili'oukalani），夏威夷在一个单一的王国统治下团结了约 80 年。后来，在被法国英国等殖民掠夺的同时，许多岛上未曾出现过的病菌也被带到了夏威夷群岛上，19 世纪中期，近乎一半的岛民死于传染病。随着西方势力在夏威夷的影响逐渐扩大，夏威夷王国签署了一些贸易协议，为白人地主和商人提供了机会来占领这片土地。许多传教士也来到夏威夷从事商业活动。未被开发的肥沃土地被美国商人购买，用于种植农作物，特别是甘蔗，一些人因此赚取了巨额财富，后来成为成功的甘蔗种植园主。

在夏威夷被入侵之前，本地居民主要种植的农作物是芋头。夏威夷的地理位置使其拥有丰富的水资源，特别适合甘蔗的种植。然而，入侵的甘蔗种植者却改变了水资源的利用方式，将水从山区引导到干旱地区，并提出了"水源先占原则"，即"谁先使用水，谁就有权使用水"。

夏威夷人曾在 1866 年抗议甘蔗种植者的资源掠夺行为，这导致河流干涸，本地人无法继续种植芋头，而芋头是他们主要的食物之一。甚至在 2004 年，夏威夷 Nā Wai Ehā 地区的芋头农民仍在抗议，要求归还水源，以支持种植芋头和恢复地下水资源。2012 年，夏威夷法院下令水委员会支持公共信托原则，最终在 2014 年，水资源得以归还。这标志着自 19 世纪以来，Nā Wai Ehā 地区的四大水域首次重新流动起来。

本章作者：齐泯颖　余泽怀　韦雨璇　张积森

本章参考文献

[1]〔美〕穆素洁. 中国：糖与社会[M]. 叶篱译. 广州：广东人民出版社，2009.

[2]〔英〕卡罗琳·弗里. 植物大发现：植物猎人的传奇故事[M]. 张全星译. 北京：人民邮电出版社，2015.

[3]Mintz S W. Sweetness and power：The place of sugar in modern history [M]. London：Penguin，1986.

[4]〔日〕川北稔. 砂糖的世界史[M]. 郑渠译. 天津：百花文艺出版社，2007.

[5]刘文庆. 大西洋视野下英属加勒比甘蔗种植园的兴起[D]. 烟台：鲁东大学（硕士学位论文），2022.

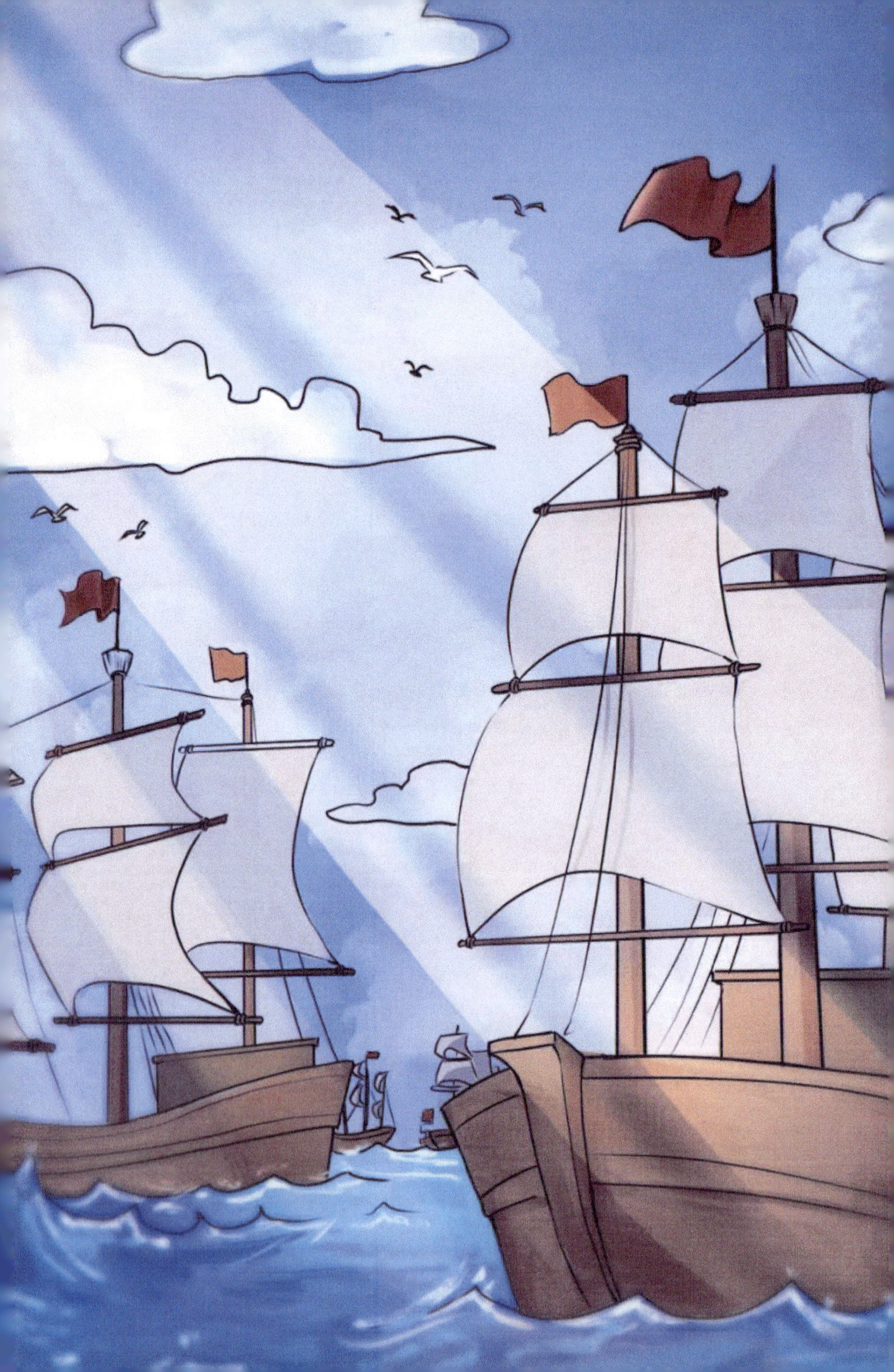

第三章
甘蔗对近代人类文明的影响

　　近代以来蔗糖产业经历了兴衰起伏，并逐渐成为各殖民地的重要经济支柱产业。蔗糖产业的兴起为欧洲社会带来了甜蜜和财富，但是也带给了黑人奴隶无尽的苦难，更对近代世界人口的大规模迁移和文化交融具有深刻影响。

众所周知，甘蔗是蔗糖的重要来源，自古以来在人类社会的许多方面扮演着重要角色。通过上一章的介绍，我们了解了甘蔗在近代以前的历史。近代以来，美洲殖民地的甘蔗种植园快速扩大，甘蔗的种植深刻地影响了世界近代史的发展进程。本章将带你穿越历史的长河，通过探索甘蔗对糖产业发展、经济、奴隶制及人口迁移等其他领域的影响，了解甘蔗在近代人类文明中的重要作用吧！

第一节　砂糖的兴衰：甘蔗与糖产业

甘蔗是蔗糖的主要来源之一，其经济价值不仅在于产糖，但糖产业的兴盛是甘蔗对近代人类文明影响的重要基础。自从糖产业在美洲殖民地腾飞以来，甘蔗就在人类文明的历史进程上留下了不可磨灭的印记。

自古以来，相比于酸、咸和苦等味道，人们似乎更偏爱具有甜味的食物，"甜"这一概念也逐渐演变为甜蜜和愉悦等美好寓意的象征。而"甜"的主要来源是糖，尤其是蔗糖。欧洲一直是重要的蔗糖消费地，17世纪之前，糖作为一种奢侈品，被认为是贵族和富人的象征，只有国王和贵族们才能消费得起[1]。随着时代和社会的发展，越来越多的人有能力购买糖，17世纪中期开始，糖慢慢变成了普通人也能买得起的商品；17世纪60年代以后，英国人对糖的追求愈发狂热，使得当时欧洲市场对糖的需求急剧增加。当时，糖拥有非常广泛的市场，能带来巨大的利润，这为后来糖产业的崛起奠定了基础。这样一来，欧洲人为了消费更多的糖，赚取更多的利润而大力发展甘蔗种植园似乎成了顺理成章的事情[2]。

事实上，在殖民初期，英国殖民者致力于在他们控制的殖民地上种植烟草——尽管后来曾转向棉花和靛青等其他作物——殖民者从中获

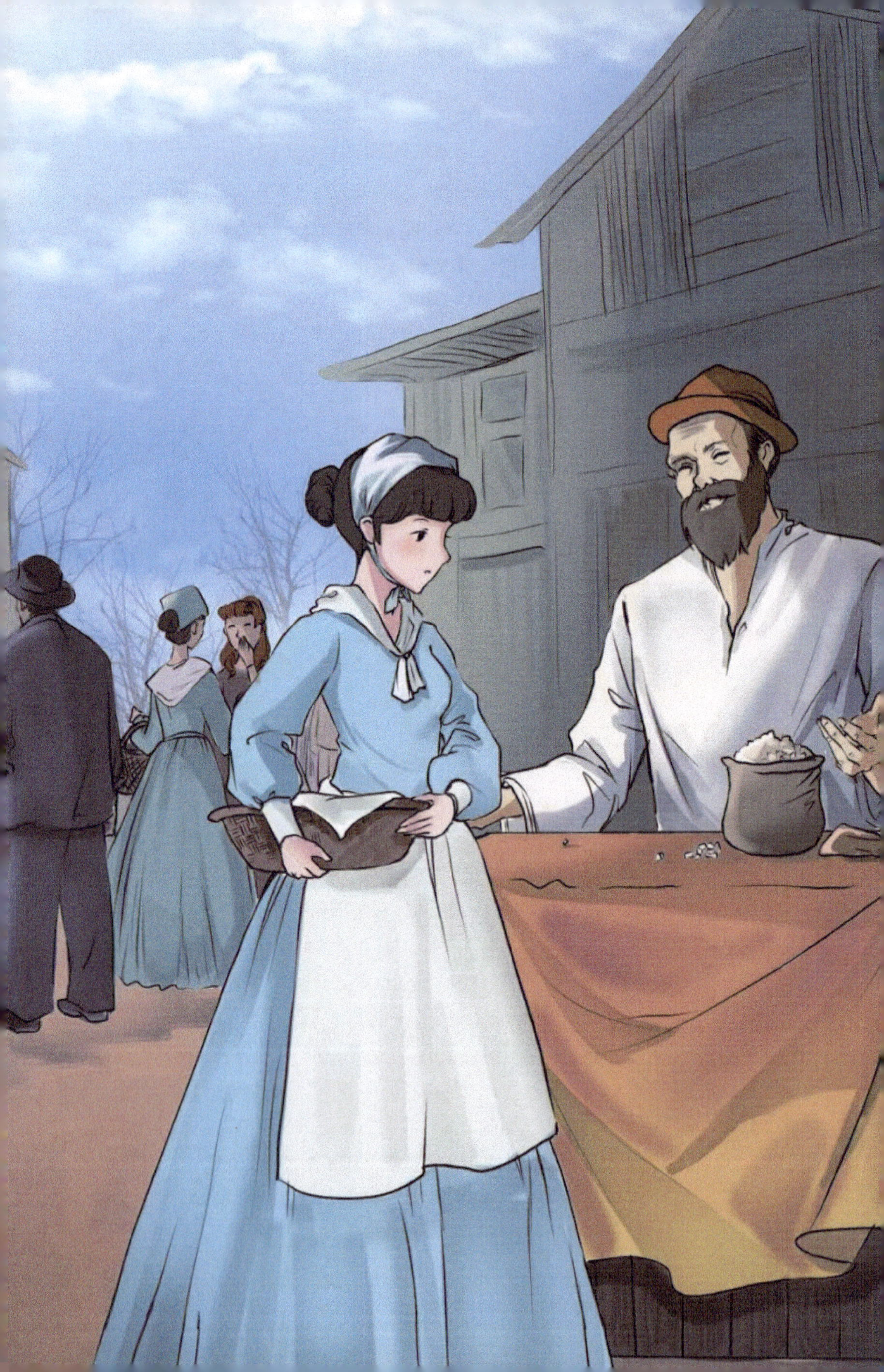

得了一定的利润，但最终由于供大于求，烟草和棉花的价格大跌，再加上随着欧洲人对蔗糖的需求不断增加，蔗糖很快在欧洲市场上获得了价格优势[3]。于是，种植园主们顺应形势变化，逐渐转向种植甘蔗用于生产蔗糖。甘蔗是热带亚热带作物，美洲的加勒比海地区拥有适宜的气候条件，包括高温和高湿度，且土壤富含养分，有助于甘蔗植株吸收充足的养分，非常利于甘蔗的生长。所以，当英、法等欧洲国家的殖民者发现热带殖民地蕴藏着巨大的商业繁荣潜力之后，就开始积极开拓美洲殖民地。欧洲殖民者（特别是英国人）涉足加勒比地区之后，美洲殖民地的甘蔗种植园不断增加，糖产业逐渐兴起。英属的加勒比岛屿中巴巴多斯岛是人口最多，且最富有的岛屿。这座岛不是第一座被英国人占领的岛，但可以说巴巴多斯是英属殖民地糖产业的开端。

17世纪30年代之前，巴西的糖产业一直占据着非常重要的地位，当时欧洲市场中很多糖都产自巴西。早在16世纪30年代，当经验丰富的种植园主及其背后的金融家们开始涉足新开发的葡萄牙殖民地，他们跨越大西洋将人力、技术、资金和甘蔗等作物引入巴西。而且葡萄牙帝国给那些在巴西特定区域定居和进行开发的人颁发了特许种植甘蔗的经营权，这有力地推动了巴西蔗糖产业的发展。随着葡萄牙皇室对巴西巴伊亚和萨尔瓦多的控制逐渐稳固，巴西的制糖业在一个相对安全的环境中得到迅速发展。虽然巴西的糖产量在17世纪晚期明显下降，但其产糖的地位直到19世纪才逐渐式微。16世纪中期，巴西产的糖大量涌入欧洲市场，最初是从葡萄牙里斯本和该国的其他港口进口。到了16世纪末，巴西糖开始直接销往北欧地区，特别是重要的贸易城市安特卫普（后来是阿姆斯特丹）。安特卫普和阿姆斯特丹的糖业经济最初是从圣多美岛进口蔗糖开始的，而后来的繁荣则主要依赖于从巴西进口的蔗糖[1]。伯南布哥等地曾是巴西主要的糖产地，特别是在17世纪50年代之前，这些地区长期被荷兰人控制。然而，当时在南美洲的产糖殖民地，荷兰人与西班牙、葡萄牙人之间的争夺一直未曾停歇，经过一系列的冲突和战争后，最终在1654年，葡萄牙人夺回了伯南布哥等地的控制权，荷兰人也逐渐失去了对南美产糖殖民地的统治地位[4]。

荷兰人被迫离开巴西之后，便被英属加勒比地区优越的自然环境所吸引，所以他们开始向加勒比岛屿移民。荷兰人带着奴隶来到了瓜德罗普岛、马提尼克岛以及巴巴多斯岛，其中，来到巴巴多斯的移民数量最多，甚至有上千人。也正是随着这些荷兰移民的到来，甘蔗种植和糖产业开始出现在英属加勒比群岛（特别是巴巴多斯）。在17世纪40年代到17世纪50年代，已经有两三百名巴巴多斯的种植园主开始经营制糖生意，比加勒比海地区的背风区和牙买加的种植园主们要早将近一代人。其实早在1619年，英国人就想在美洲的詹姆斯敦引入甘蔗，但由于这里的环境不适宜甘蔗的生长，同时也缺乏种植技术，因此英国人第一次在殖民地种植甘蔗的尝试并没有成功[2]。当荷兰人到达英属殖民地之后，他们不仅带来了大量的资金，还给当地的英国殖民者传授种植甘蔗的技术。有了资金和技术支持后，英国人再次尝试在巴巴多斯种植甘蔗，不出所料，这次他们成功了。后来，荷兰的商人们又帮助英国的种植园主们进口昂贵的机器，为英国的种植园主们提供了购买非洲奴隶的信贷，荷兰商船则负责将这些加勒比岛屿所生产的原糖运回阿姆斯特丹的糖精炼厂，使得英属加勒比地区的糖产业能够成功运转。糖产业的快速发展让种植园主们获取了大量的财富，在巨大经济利益的驱使下种植园主们开始大量种植甘蔗，以致后来巴巴多斯的耕地几乎都用于种植甘蔗。有人曾经对此这样评价道："在巴巴多斯，一切事物都为甘蔗而牺牲，一切事物相对种植甘蔗和生产蔗糖这个主要目标来说都是小事"[3]。

　　由于种植和加工糖产业带来了巨大的经济利益，因此其他殖民地纷纷开始效仿巴巴多斯，甘蔗种植园迅速蔓延到瓜德罗普、马提尼克、安提瓜和牙买加等地。到17世纪下半叶时，牙买加大规模加入这场"砂糖革命"，逐渐成为世界砂糖生产中心[5]。正如前面所提到的，在此之前，牙买加并不是主要的砂糖生产地。然而，随着西班牙对牙买加的控制力量减弱，以及英国在17世纪后半叶加强了对加勒比地区的殖民扩张，1655年，英国占领了牙买加，牙买加成了英国的殖民地[4]。相较于加勒比地区的其他岛屿，牙买加的地理位置更为便利，拥有更广阔的土地面积和丰富的水资源，所以在这里甘蔗种植业极具发展潜力。正因为如此，为了追求更大的利润空间，英国殖民者开始将目光转向牙买加这个新兴的甘蔗种植地。与此同时，英国政府通过一系列政策和措施，积极推动了牙买加砂糖产业的发展。

实际上，从巴巴多斯甘蔗种植成功以来，一场"砂糖革命"就已经在历史的长河中悄然展开，英国殖民地加勒比地区的砂糖产业也经历了一系列重大变革。在17~18世纪，随着美洲殖民地甘蔗种植园数量的迅速增加，糖产业不断蓬勃发展，越来越多的糖从这些美洲殖民地被运往欧洲的炼糖厂，在那里经过进一步加工，最终流入整个西欧乃至全球市场。据统计，1650年，从巴巴多斯出口的糖大约有7000吨。1750年，全球糖的总产量达到15万吨；到了1770年，糖的总产量超过20万吨，其中大约90%的糖产自加勒比海地区。到18世纪时，英属加勒比海地区的糖产量高达2.5万吨，远远高于当时巴西的产糖量[1]。这些美洲殖民地糖产量的激增，不仅进一步满足了欧洲市场对糖的需求，也极大地推动了糖产业的繁荣发展，甘蔗种植园成了欧洲殖民主义时期的重要经济支柱[1]。

随着时间的推移，长期大规模且频繁的单一作物种植逐渐削弱了殖民地土壤的养分，导致土地资源匮乏，从而导致甘蔗产量的下降。雪上加霜的是，在18世纪末，英国终止了对糖的优惠税收政策，直接导致糖在英国市场上的利润急剧减少。此外，随着1834年奴隶制度的废除，农民不愿意像从前那样在恶劣环境下从事劳作，以至于甘蔗种植园里的劳动力逐渐短缺。18世纪末，欧洲的殖民地的糖产业逐渐陷入衰退。然而，进入19世纪早期，世界各地糖产量却迅速增加，这导致英国殖民时期积累的过剩糖在欧洲市场上面临了严酷的竞争。尽管甘蔗种植园在美洲地区的统治地位逐渐减弱，但糖的市场需求却在持续增加。在这个时期，古巴和巴西等地价格更低的糖逐渐主导了欧洲市场[6]。但总的来说，19世纪初甘蔗种植和糖产业仍主要集中在加勒比海地区的岛屿及巴西的部分地区。

1811年，拿破仑战争期间，英国实施了对欧洲大陆的禁运政策，以切断法国的对外贸易。这一禁运政策导致了对包括糖在内的多种商品的交易停止，糖产业因此受到了影响，法国的甜菜制糖产业却因此得到了发展。后来随着拿破仑战败，英国在1814年解除了对欧洲大陆的贸易封锁，加勒比地区价格更低的糖重新涌入欧洲市场，法国甜菜制糖业也随即陷入困境。然而，从19世纪30年代开始，英国兴起的废奴运动让加勒比地区的甘蔗生产逐渐停滞，甜菜制糖产业得以恢复活力。到了19世纪50年代，欧洲和俄国产的甜菜糖已经占了全世界总产量的15%[7]。19世纪70年代，欧洲许多地方因作物病害和恶劣气候陷入农业危机，1876～1877年，当时最大的甜菜生产国之一的法国的甜菜收成都很差。甜菜的短缺又一次引发了人们发展蔗糖产业的兴趣[8]。在19世纪80年代，因各国政府的大力支持，甜菜糖的生产一度超过了蔗糖。但总的来说，甜菜糖的生产需要很高的经济成本，随着时间的推移，大洋洲和印度洋等地区也逐渐被开辟为新的甘蔗种植地，蔗糖产业也的确迎来了新的繁荣[5]。

值得注意的是，1765年瓦特的蒸汽机开启了工业革命，这一创新对制糖业产生了与其他工业一样的深远影响[7]；加上19世纪初到19世纪60年代这段时间，随着交通和通信技术的改善，机械化制糖工业迅速崛起，尤其是现代机械化的引入，彻底改变了甘蔗种植园的面貌。蒸汽动力的进步和中央高度机械化的糖厂的建立，不仅创造了更为高效的甘蔗加工方式，还缩短了糖的生产过程。因此，为了充分发挥工厂的最大产能和性能，甘蔗种植面积大幅度扩张，甘蔗种植园的规模变得更加庞大。在18世纪中叶，一个大型的甘蔗种植园可能占地约2000英亩①，而到了1900年，一个大型甘蔗种植园的面积可能已扩展到1万英亩左右。在1800年，全球市场上生产的蔗糖总量约为25万吨。然而，到了1880年，这一数字已经增长到了约380万吨。到了20世纪20年代，糖精炼厂已能一天内生产数百万磅的糖，这大概相当于该世纪前十年的产量。到1970年，全球范围内供应给人类的食物所含热量中，大约有1/9来自蔗糖。随着时间的推移，这个数字可能还在持续增长[9]。

19世纪30年代，亚洲的糖市场也经历了重大变革。从1834～1838年，加勒比海地区废除奴隶制度。在英国资本家的推动下，印度逐渐开展了近代糖工业。在激烈竞争中幸存下来的西印度群岛农场主们则决定在印度再次投身糖业。到了19世纪70年代，正如之前提及的，那时候甜菜收成不佳，但西印度生产的蔗糖无法填补糖的短缺。恰好同一时期中国的甘蔗收成丰富，而且糖价较低。因此，在19世纪70年代末，欧

---

① 1英亩≈4046.8648平方米。

洲商人在中国以低廉的价格购买糖，再在欧洲市场高价出售。后来，随着香港中华火车糖局的建立，并在1876年开始生产蔗糖，中国糖业便进入了工业化制糖的新阶段[8]。

到19世纪80年代，澳大利亚的糖产业开始蓬勃发展。19世纪90年代，澳大利亚的糖产量约为6.9万吨，发展一个世纪后，这个数字增加到了525万吨，其中绝大部分用于出口。21世纪之后，澳大利亚的糖产业已经实现了大规模和高度机械化。

到了现代社会，研究人员对甘蔗种植、提炼和加工过程进行了深入探究，不断改进生产技术和方法，糖产业也受到科学研究和创新的推动。这些创新使得糖的质量和产量都有了很大提升。2000年，糖料种植在热带和亚热带地区迅速扩张，全球已经有100多个国家开始种植甘蔗[1]，糖的贸易网络逐渐覆盖了全球范围。

总而言之，从17世纪到19世纪，蔗糖一直有"糖王"或"白色黄金"之称，并在整个英国的进口商品中遥遥领先[7]。正像学者李春辉在《拉丁美洲史稿》中指出的："蔗糖在18世纪经济中所占据的地位，就如钢铁在19世纪，石油在20世纪所占据的地位一样。"17世纪和18世纪，蓬勃发展的蔗糖工业成为欧洲殖民地的主要经济力量，给殖民地政府提供了巨额的资金，为欧洲各国积聚了巨大资本，也推动了欧洲经济向国际化的方向发展。

第二节　永恒的悖论：甘蔗与奴隶制

蔗糖给近代的欧洲社会带来了巨额的财富，给全世界的人们带来了愉悦和甜蜜，但黑人除外，因为当时糖产业的发展是通过对大量黑人奴

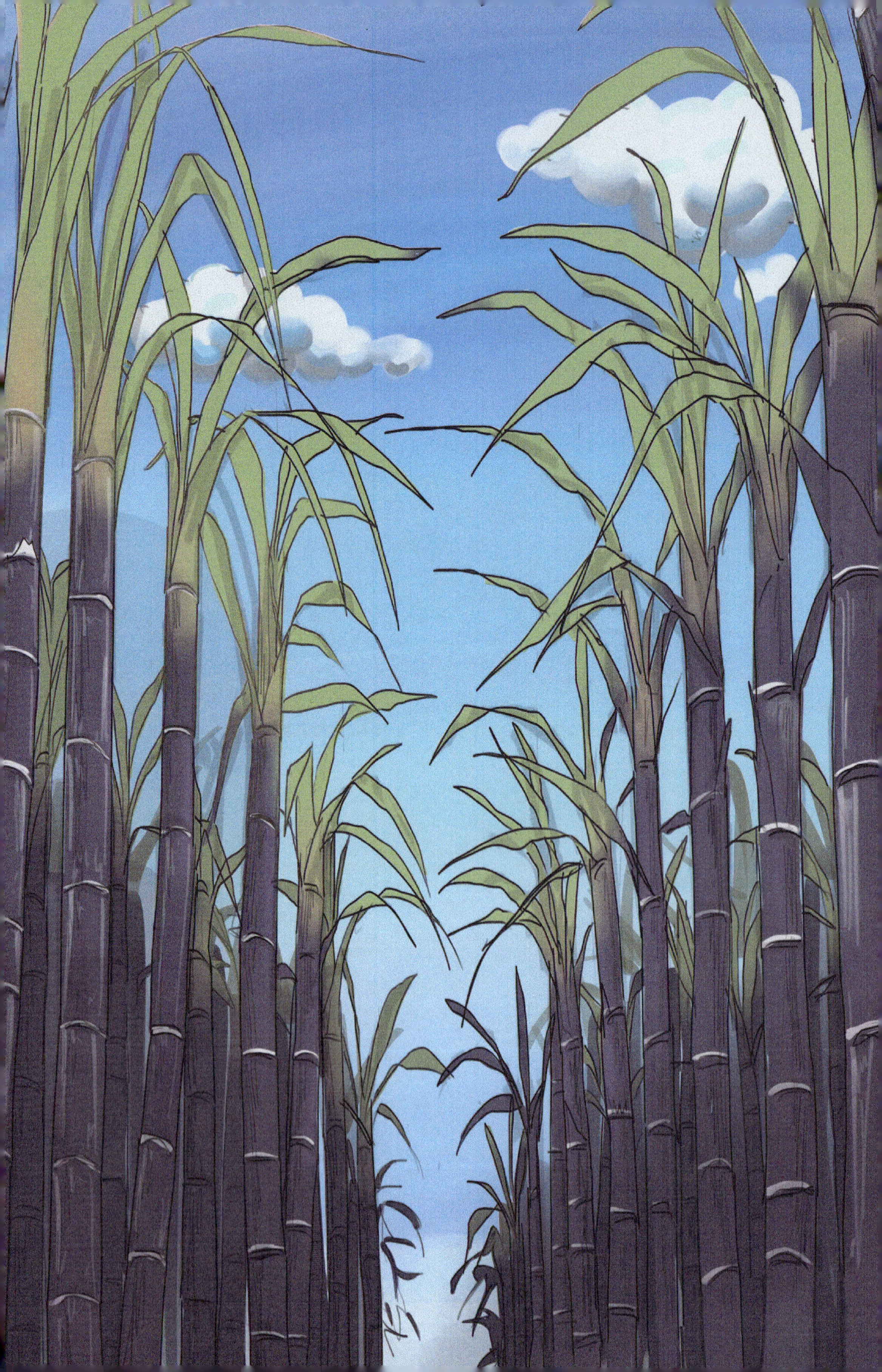

隶的残酷剥削而实现的。种植和加工甘蔗并非易事，这个过程需要大量的劳动力。于是，为了满足殖民地糖产业对劳动力的需求，大量黑人被运往美洲地区，成为甘蔗种植园中的奴隶劳工，进行甘蔗的种植、收割和加工工作。在那里，他们被奴役、被殴打，几乎没有自由可言。所以在当时欧洲殖民者因为糖产业赚得盆满钵满的时候，糖对黑人奴隶来说代表的并不是"甜蜜"，而是"苦难"。

17世纪前后，葡萄牙、荷兰、英国和法国开始在其各自的殖民地种植烟草和棉花等作物，当欧洲殖民者发现蔗糖才是最有利可图的作物时，种植园主纷纷开始转向种植甘蔗。然而，比起棉花和烟草等其他作物，蔗糖生产的整个流程要复杂得多，从甘蔗的种植、浇灌、收割、榨汁到提炼，每个环节都需要大量的人力投入。为了满足种植园中的劳动力需求，奴隶制开始大规模普及，加勒比群岛逐渐成了奴隶贸易的主要市场，甚至超过了当时的巴西。

与加勒比地区糖产业发展进程一致，巴巴多斯也是第一个黑人占多数的大规模殖民地。但在初期，种植园的劳动力主要由白人仆人和"契约劳工"组成，黑人奴隶的数量还相对较少，这是因为在当时"契约劳工"的价格更低，对于种植园主来说好像更划算[10]。然而，当巴巴多斯的种植园中开始大量种植甘蔗，来自欧洲的白人"契约劳工"随之逐渐无法满足种植园主的劳动力需求。1640年左右，当巴巴多斯的种植园主去巴西学习制糖技术时，他们发现巴西的甘蔗种植园里大量的黑人奴隶与巴巴多斯不稳定的白人劳动力相比，具有非常明显的优势：这些黑人奴隶习惯在炎热潮湿的气候中生活，因此能够很好地适应甘蔗这样的热带作物的生长环境。而且在巴西种植园里总能看见的现象是，仅仅几个白人就能控制很多黑人奴隶，比起白人仆人和"契约劳工"，黑人奴隶似乎更容易被迫屈服于奴隶制。关键的是，这些黑人奴隶也能更耐心地完成种植园主所要求的任务；"契约劳工"干完几年苦役之后就可以成为自由人，而黑人奴隶却是种植园主们永久的"财产"。

自此以后，非洲海岸市场上掀起了奴隶贸易的热潮：荷兰的商人们为英国的种植园主们提供了大量信贷用于购买非洲的黑人奴隶；巴巴多斯的这些种植园主们在荷兰商人的帮助下，从非洲运来大量的黑人奴隶。1645 年，巴巴多斯的黑奴人口大概是 5000 多人，到 1653 年，在巴巴多斯的黑人奴隶已经有 2 万多名，远远超过了之前那些白人劳工的数量。其他殖民地的种植园主们也纷纷效仿，使得近代的黑人奴隶制快速形成，人数极度扩张。到了 1667 年，美洲黑奴数量已经超过 4 万人。18 世纪 90 年代，每年被运到美洲的黑人奴隶已达 8 万人，绝大多数被运到巴西和加勒比海地区。超过 100 万黑人奴隶被运到了牙买加，约 50 万人被运到巴巴多斯。面积相对较小的多米尼加岛，也接收了约 12.79 万的黑人奴隶。这些黑人奴隶会成为矿工、牧牛人等，但大部分在甘蔗地里从事繁重的劳动[11]。从 16 世纪到 19 世纪，可能有 1000 万以上的黑人奴隶被欧洲殖民者跨越大西洋贩运至加勒比海和巴西以及美洲南部。

　　来自大西洋各个地区的运奴船只，聚集在非洲的海岸线。运奴贩子用各种商品交换黑人奴隶。这些奴隶则踏上了极其恐怖的跨大西洋之旅，经历了令人恐惧的历程。在运奴船上，他们遭受了被剥夺自由的炼狱般的艰难生活。在此期间，他们常被囚禁在非洲港口里的运奴船上长达数月之久，直到船舱里塞满了奴隶。奴隶们从非洲出发横跨大西洋的航海经历，被称作恐怖的"中程"。他们要在茫茫的海面上航行很久，但没有足够的饮用水，其间许多奴隶会脱水；有的奴隶会因为传染病感染而死亡；还有很多奴隶因看不见非洲大陆感到不安而选择投海自尽[5]；再加上船员的残忍和无情，也加剧了他们的恐惧。那些在"中程"中幸存的奴隶，他们登上美洲的海岸时也早已虚弱不堪。但他们不知道的是，这只是苦难的开始。从此以后，这些黑人奴隶的命运就是在甘蔗种植园里开始他们劳苦悲惨的一生[11]。

　　奴隶制废除以后，为了填补劳动力空缺，种植园主开始从印度招募工人到种植园中进行工作。这些印度劳工与以往的黑人奴隶有所不同，但也并非完全自由。此外,当时太平洋群岛、印度洋群岛和南非等地的种植园中也有很多印度及其他亚洲地区的劳工。比如,澳大利亚本身有适宜种植甘蔗的地区,国内产的糖也能自给自足,但在19世纪80年代随着移民人数的增加,当地的糖产业逐渐扩张,他们开始使用移民劳工。这些劳工多为中国人、日本人、爪哇地区的人,尤其是美拉尼西亚群岛的瓦努阿图人和所罗门人。他们在甘蔗田间辛苦劳作,几乎没有自由,直到20世纪初期,随着当地人反对的声音逐渐增加,这种局面慢慢结束[1]。

和棉纺织品等世界商品一样,糖的确对人类进步起到正向作用,加快了人类近代文明进步的脚步,但它也带来了负面影响——砂糖往往和奴隶制捆绑在一起,正如伟大的黑人历史学家埃里克·威廉斯所说的:"哪里有砂糖,哪里就有奴隶。"即使奴隶制激发了废奴运动和人权运动的兴起,对后来的人权思想产生了深远的影响。但对黑人奴隶来说,糖带来的更多的是苦难、压迫和恐惧,到现在,砂糖所遗留的痕迹仍残存在加勒比海地区、非洲甚至欧洲的很多地方[5]。

第三节 移动的大冒险:甘蔗如何引导人口迁移

甘蔗广泛种植于热带和亚热带地区。它的种植和生产对于一些地区的经济发展和人口迁移有一定的影响。自1640年以来,甘蔗在世界范围内引发了一系列人口迁移事件,基本上都是因为奴隶贸易和劳工移民,本质是因为当时甘蔗种植园需要大量的劳动力。

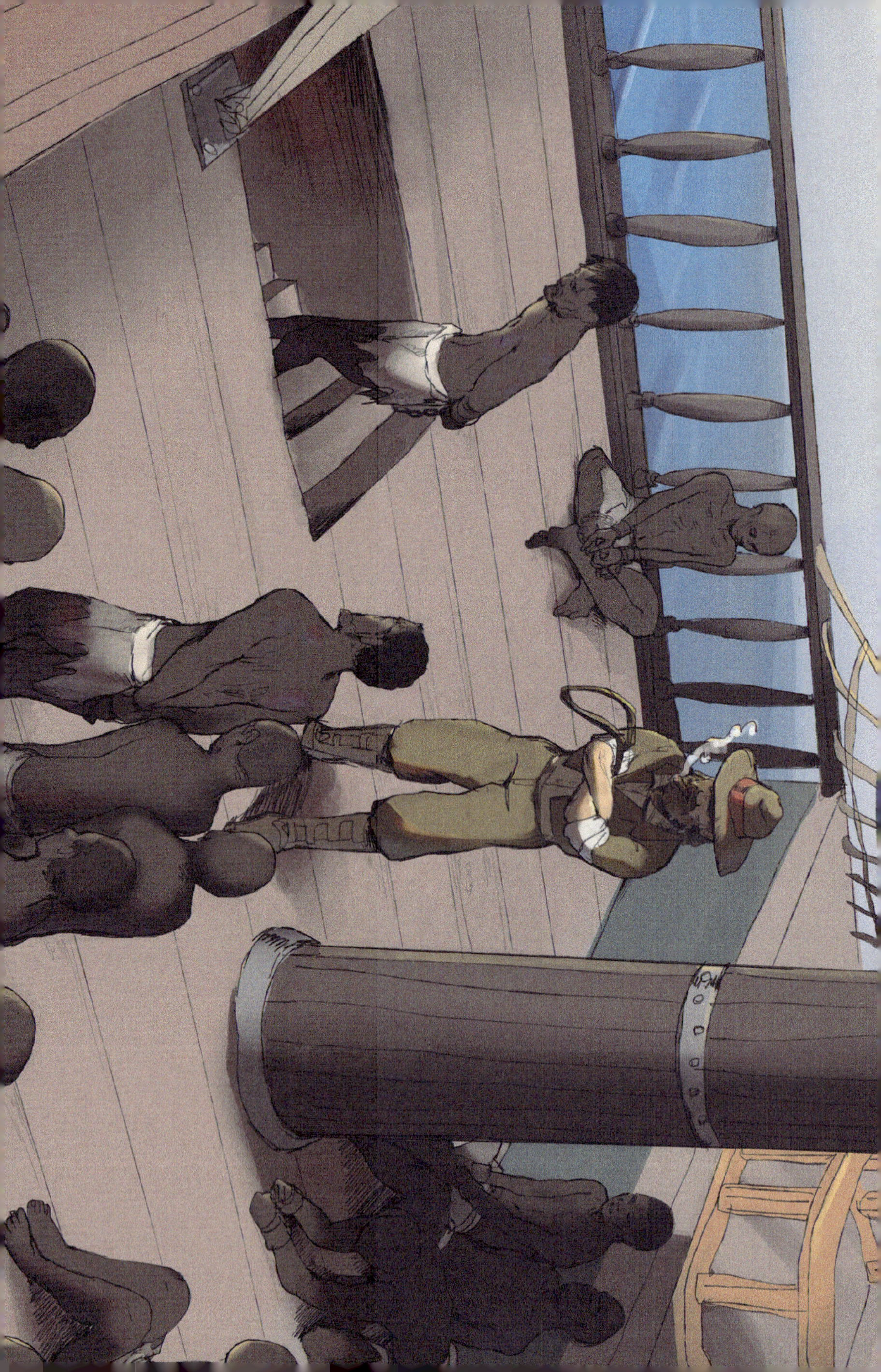

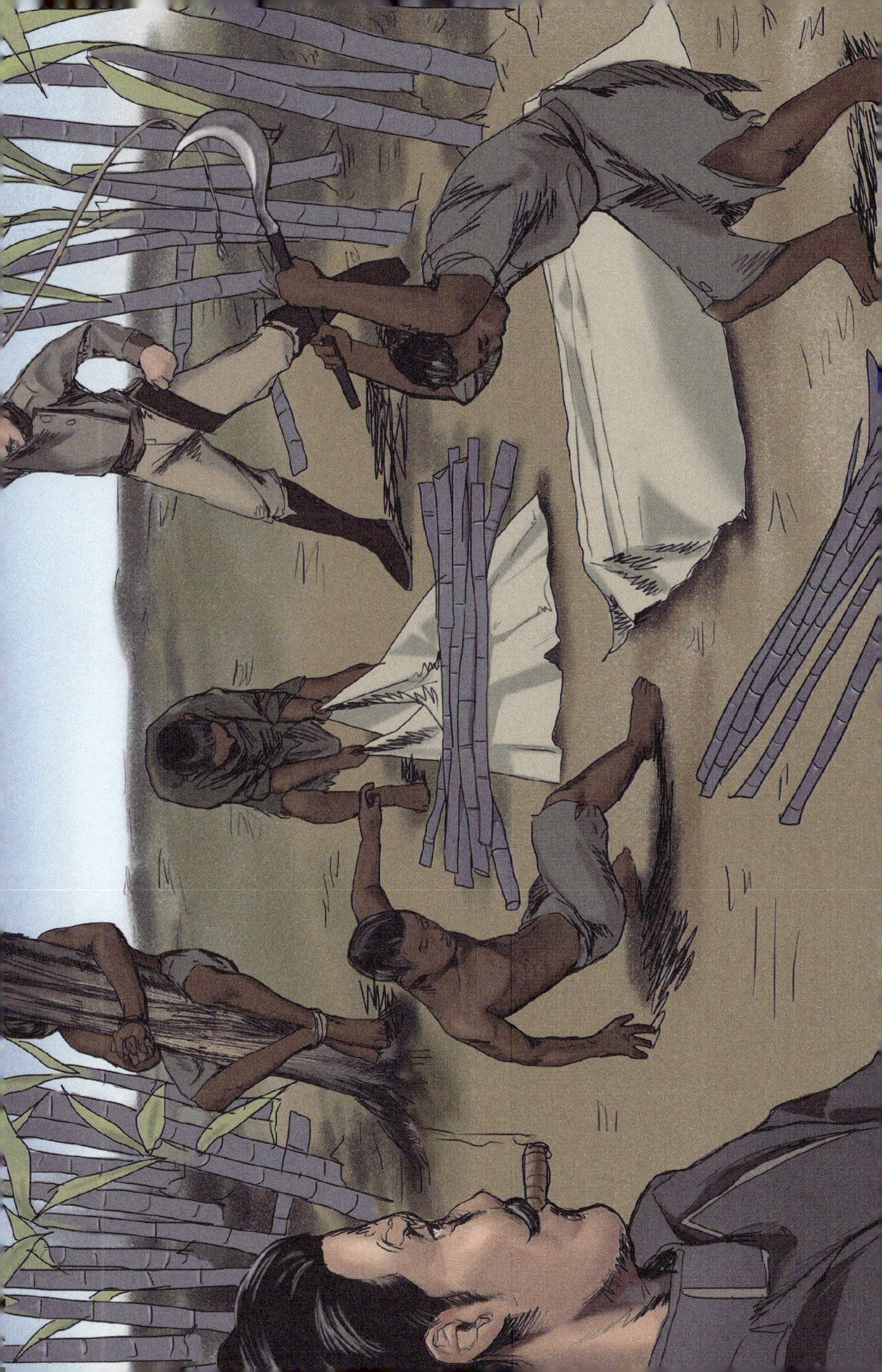

大西洋奴隶贸易是主要的人口迁移方式。从 17 世纪中叶开始，随着甘蔗种植业的扩张，大西洋奴隶贸易兴起。数百万非洲人被绑架并运往美洲，成为甘蔗种植园的奴隶劳工。这一残酷的贸易活动对整个美洲大陆和加勒比地区的人口构成了巨大影响。而甘蔗在大西洋奴隶贸易中扮演了重要的角色。甘蔗作为一种重要的热带作物，在欧洲殖民者眼中具有巨大的经济潜力。其生产的糖和酒对满足欧洲市场的需求至关重要。为了在美洲殖民地大规模种植甘蔗以满足需求，欧洲殖民者需要大量的劳动力。这导致了殖民者转向非洲，通过大西洋奴隶贸易将数百万非洲人带到美洲作为奴隶。这些奴隶被迫从事繁重的体力劳动，包括甘蔗的种植、收获和加工。甘蔗种植园成为奴隶制度的象征之一，为殖民者带来巨额利润。随着奴隶劳动的需求增加，奴隶贸易规模扩大，其残酷程度也加剧。尽管大西洋奴隶贸易于 19 世纪被废除，但其对世界历史和非洲社会的影响仍然深远。甘蔗种植园经济和奴隶制度的结合塑造了美洲殖民地社会，并对今天的种族关系和社会不平等产生了持久影响。

大西洋奴隶贸易中有几个主要的地区比较典型，下面主要以巴西殖民地、美国南部殖民地和英属印度殖民地为例，简述由甘蔗种植园在殖民地引起的人口迁移。

一、巴西殖民地

甘蔗与巴西人口迁移之间存在着密切的历史联系。在葡萄牙殖民时期，巴西是葡萄牙帝国的重要殖民地。葡萄牙人最早在巴西种植甘蔗，并引入非洲奴隶来进行甘蔗种植和加工。大量的非洲奴隶被迁移到巴西——主要从西非沿海地区（如现在的塞内加尔、安哥拉、尼日利亚等地）运送来的。虽然巴西于 1822 年宣布独立，但奴隶制度在巴西一直持续到 1888 年才被废除。其间大量的非洲奴隶被持续引入巴西，尤其是从非洲中部和东部地区。在此期间，甘蔗种植业进一步扩大。奴隶制度废除后，巴西开始吸引来自欧洲和亚洲的移民，以填补劳动力短缺。大量的意大利人、葡萄牙人、西班牙人和日本人等抵达巴西，并在甘蔗种植业和其他领域工作。这些移民对巴西的经济和文化发展产生了深远的影响。随着时间的推移，巴西的人口继续增长和变化。20世纪后期，巴西成为世界上最大的甘蔗生产国之一，并在生物燃料产业中发挥重要作用。随着农业技术的进步和城市化的加速，巴西的人口迁移模式也发生了变化。

总的来说，甘蔗种植业对巴西的经济和人口迁移产生了重要影响。非洲奴隶的大规模引入为甘蔗种植业提供了廉价劳动力，而后来的移民浪潮则为巴西提供了更丰富的劳动力资源，并且对巴西社会和文化产生了深远影响。

二、美国南部殖民地

美国南部殖民地和后来的南部地区也发展了大规模的甘蔗种植业。甘蔗在美国南部的种植起源于17世纪末，当时的欧洲殖民者将甘蔗带到了这个地区。甘蔗种植需要热带或亚热带的气候和湿润的土壤，南部的气候条件非常适合这种作物的生长。随着甘蔗种植业的兴起，南部种植园主开始大规模使用奴隶劳动力来种植和采摘甘蔗。奴隶劳工被广泛用于甘蔗种植园，特别是在路易斯安那州、佛罗里达州和南卡罗来纳州等地。奴隶制度在南部地区得到了广泛的发展，成为该地区经济和社会结构的核心。为了满足不断增长的甘蔗需求，种植园主纷纷扩大种植规模，因此需要更多的劳动力，这导致了大量人口从其他地区迁移到南部地区，尤其是从非洲大陆和加勒比地区运来了大量奴隶。

19世纪和20世纪早期，甘蔗成为美国南部地区最重要的经济作物之一。种植园主利用奴隶廉价的劳动力大量生产甘蔗，使得南部地区的经济繁荣起来。南北战争后，奴隶制度废除，这对南部地区的甘蔗种植业产生了巨大影响。失去了奴隶劳动力的支持，种植园主不得不寻找新的劳动力来源。在奴隶制度废除后，一部分奴隶成为自由人，继续在种植园工作，但也有很多人选择离开南部地区，寻找其他就业机会。一部分人移民到北方城市，寻求工业化时代的就业机会。另一部分人则向西部迁徙，参与到美国的西部扩张中。

总的来说，甘蔗在美国南部的种植促使了大规模的人口迁移。奴隶制度的存在使得大量奴隶被迁移到南部地区，为甘蔗种植提供了劳动力。随着奴隶制度的废除，人口迁移的方向也发生了变化，一部分人选择留在南部地区继续从事农业劳动，而另一部分人则向其他地区迁移，寻找新的机会和生活方式。这些迁移对美国南部地区的经济、社会和人口结构产生了深远的影响。

三、英属殖民地

在英属殖民地，特别是英属加勒比地区和毛里求斯，在奴隶制度废除后，甘蔗种植业仍旧依赖外来劳工。大量劳工从英属印度[①]移民到这些地区，成为甘蔗种植园的合同工人或农民。

甘蔗在英属印度移民历史中扮演了重要的角色。在 19 世纪和 20 世纪早期，为了促进甘蔗种植业的发展，英属印度政府鼓励农民种植甘蔗，并在种植地区建立了许多甘蔗工厂。随着甘蔗种植业的发展，英属印度政府面临劳动力短缺的问题。为了解决这个问题，他们开始从其他地方引进劳工，其中包括中国和印度尼西亚。然而，最重要的劳工群体是来自印度。英属印度政府通过签署协议，引进大量印度劳工，以满足甘蔗工厂和种植园的劳动力需求。这些移民劳工通常被称为"印度受契约制约的劳工"或"印度合同劳工"。他们与英属印度政府签订了一份合同，在殖民地工作一段时间后会返回原地。这些移民为英属印度的甘蔗种植业做出了巨大贡献。他们在甘蔗种植和收获过程中发挥了关键作用，并为工厂提供了劳动力。然而，这些移民在殖

---

① 英属印度是指英国在 1858 年到 1947 年期间在印度次大陆建立的殖民统治区。在这段时间内，英国对这些地区进行了政治、经济和社会的控制和影响。

民地时期也经历了艰苦的生活：他们通常被迫在恶劣的环境下工作，并且受到歧视和剥削。随着时间的推移，一些移民的后裔逐渐在当地定居下来，并对当地文化和经济产生了深远影响，为当地的发展和多元化做出了贡献。

总的来说，甘蔗种植业对英属印度移民史具有重要意义。通过引进印度劳工，英属殖民地解决了劳动力短缺问题，促进了甘蔗种植业的发展。然而，这一过程也带来了剥削和不平等的问题，为移民和他们的后代带来了困难和挑战。

从以上这些事件中可以发现，甘蔗种植园促进了广泛的人口迁移、种族和文化交融，对当地社会和人口结构产生了深远的影响，对经济的发展也有不可忽视的促进作用。然而，甘蔗种植园也带来了极大的人道主义灾难和社会不平等，对许多人的生活造成了痛苦和破坏。可见，甘蔗种植对人口迁移具有历史性意义。

第四节　糖心契约：甘蔗与"契约华工"

1840年鸦片战争后，清朝政府被迫签订的《北京条约》废除了"海禁"政策，老百姓"出国"被允许了。同时，自英国废除殖民地奴隶制之后，甘蔗种植园的黑人奴隶获得了自由，造成了种植园和地产资本的亏损。

为了招募到大批的苦力，许多跨国出口公司在澳门设立了相应的苦力贸易对接机构来招收"契约华工"。"契约华工"表面上指这些华侨是"自愿"签订契约到外国做工，但实际上，他们几乎都是因被暴力威胁、追逼赌债,甚至还以鸦片作为诱饵等手段被迫与这些机构签订的契约。殖民者将他们称为"猪仔",因为在殖民者眼里,"契约华工"与畜生没什么区别。

在历史上,南洋地区的种植园主们曾经使用一种残酷的方式来标记华工——在华工的胸前打上烙印,通常用字母 S、P、C 来分别表示要将他们卖到夏威夷、秘鲁和古巴这些地方。接着,这些华工被运到几百吨到上千吨的客船上开始南下。由于这些客船设备简陋、物资不足、水源紧缺,许多华工病死、饿死、被折磨死,也有许多华工在中途不堪折磨,选择投海自尽。

抵达南洋后,华工们被禁闭在"新客馆",由专人看守防止逃跑。随后,华工们被卖到南洋的甘蔗、橡胶等种植园。种植园主通过一系列不平等条例对劳工的自由进行限制,甚至通过脚镣、暴力等器具、行为牵制着劳工的一举一动,可以说无异于之前对待奴隶的手段。由于华工在南洋地区承受高强度的工作,导致了大量华工饿死、累死和病死的悲惨情况。即使在最终恢复了自由身份,也很少有人能够攒够足够的钱回到家乡,大部分华工最终只能选择留在南洋地区。"契约华工"是鸦片战争后,19 世纪中期至 20 世纪初盛行的一种亚殖民制度。一勺普通的白糖,却承载了一段华人的血泪历史。

本章作者:石会红　胡燕霞　齐湜颖　张积森

本章参考文献

[1]〔英〕詹姆斯·沃尔韦恩. 糖的故事[M]. 熊建辉,李康熙,廖翠霞译. 北京:

中信出版社，2020.

[2]刘文庆. 大西洋视野下英属加勒比甘蔗种植园的兴起[D]. 鲁东大学（硕士学位论文），2022.

[3]王倩."蔗糖革命"的历史考察[J]. 黑龙江史志，2015，（02）：73-78.

[4]Dunn R S. Sugar and slaves：The rise of the planter class in the English West Indies，1624-1713[M]. Chapel Hill：UNC Press Books，2012.

[5]〔日〕川北稔. 砂糖的世界史[M]. 郑渠译. 天津：百花文艺出版社，2007.

[6]Green W A. British slave emancipation：The sugar colonies and the great experiment，1830-1865[M]. Oxford：Oxford University Press，1991.

[7]〔美〕加里·陶布斯. 不吃糖的理由：上瘾、疾病与糖的故事[M]. 李奕博译. 北京：机械工业出版社，2018.

[8]〔美〕穆素洁. 中国：糖与社会[M]. 叶篱译. 广州：广东人民出版社，2009.

[9]Mintz S W. Sweetness and power：The place of sugar in modern history[M]. Penguin，1986.

[10]Calder A. Revolutionary empire：the rise of the English-speaking empires from the fifteenth century to the 1780s[M]. Boston：E.P.Dutton，1981.

[11]Fertel R. Sugar：The World Corrupted，from Slavery to Obesity，by James Walvin[J]. Gastronomica，2018，18（4）：107-108.

第四章
中国蔗糖产业的千年兴衰

甘蔗在周朝周宣王时期传入我国。我国的蔗糖产业可能萌芽于三国至魏晋南北朝期间，繁荣于唐宋时期，在明清时期经历变革和发展。在鸦片战争后及民国时期我国蔗糖产业逐渐衰落，而新中国成立后，我国蔗糖产业虽经历曲折，但也得到了飞速发展。我国制糖技术是如何一步步发展的？"西方取糖"又是怎么回事？让我们穿越历史的长河，一观我国蔗糖产业的兴衰。

第四章 中国蔗糖产业的千年兴衰

由于人们嗜好甜味，使得糖成为人见人爱的商品，并一举成为"世界商品"。中国的蔗糖产业历史悠久，起自先秦时期，经历了数千年的发展演变，在不同历史阶段均取得了显著成就。

在周朝周宣王时期，甘蔗首次传入中国，标志着我国甘蔗种植的起步。唐宋时期，随着南方地区甘蔗种植的普及和技术的进步，蔗糖产业迎来了黄金时期。糖业带动了当地经济的繁荣，形成了许多以糖为主导产业城市。同时，糖制品愈发丰富多样，糖的消费也逐渐成为社会生活的重要组成部分。明清时期，由于战乱、疾病和生产技术的停滞等原因，蔗糖产业遭受了严重打击。尽管如此，蔗糖产业在此期间依然取得了一定的发展，特别是在广东、广西等地区，仍保持了较高的产量。随后，抗日战争对中国蔗糖业产生了深远的影响。战争期间，日军占领了中国大部分的蔗糖产区，如广东、广西等地，导致甘蔗种植面积锐减。同时，战争导致的糖厂损毁、技术停滞及贸易受阻等因素使得蔗糖产量急剧下降。虽然战后政府采取了一系列措施以恢复蔗糖产业，但战争所带来的创伤对产业发展产生了长期制约。进入现代，随着科学技术的飞速发展和国际贸易的兴起，中国蔗糖产业在一定程度上恢复了生机。然而，面临国际市场竞争和国内其他糖类产品的冲击，蔗糖产业也在不断寻求转型升级，以适应新的市场环境。

总的来说，中国蔗糖产业经历了从萌芽、繁荣到衰退和转型的历程。在这个过程中，蔗糖产业不仅推动了当地经济的发展，还为人们的生活带来了甜蜜与喜悦。展望未来，中国蔗糖产业需要继续加强技术创新和产业结构调整，以应对市场变化和挑战。

第一节 三国魏晋南北朝至后魏期间：甜蜜的开始

如第二章所述，甘蔗可能起源于新几内亚或印度，传播至南洋群岛后才被世人所知。有人推断甘蔗大约是于周朝周宣王时期由印度传入中国，但现今所知中国最早出现甘蔗记载的文字资料是屈原的《楚辞》。《楚辞·招魂》中"胹鳖炮羔，有柘浆些"，就是在描述楚人烹制野生甲鱼和羔羊时会淋上甜甜的甘蔗汁进行调味的场景[1]。这表明在先秦时期甘蔗就被引入和种植，但主要用于直接食用和使用其汁液，还不具备蔗糖提炼和加工的技术。

我国最早的糖制品可以追溯到西周时期，当时人们使用米（淀粉）和麦芽经过糖化①后进行熬煮，制成了一种被称为饴糖的甜食，也就是我们俗称的麦芽糖。然而，关于中国制造蔗糖的起始时间至今尚未有定论。《新唐书》卷221《摩揭陀国传》记载："贞观二十一年……太宗遣使取熬糖法，即诏扬州上诸蔗，拃渖如其剂，色味愈西域甚远。"唐代中国学习印度熬糖法的史实被广泛认可，但学术界却并不都认为中国制造蔗糖的初始时间是唐代。

吉敦谕先生就主张蔗糖的制造开始于汉代[2]，主要依据为东汉杨孚所作《异物志》、汉晋之际宋膺所撰《凉州异物志》、五世纪末陶弘景编修《神农本草经集注》及嵇含所著《南方草木状》等史料。杨孚《异物志》载："（甘蔗）围数寸，长丈余，颇似竹，斩而食之既甘；笮取汁如饴饧，名之曰糖，益复珍也"，吉敦谕先生认为"笮取汁如饴饧，名之曰糖"就是沙糖。宋膺所撰《凉州异物志》明确地写道："石蜜之兹，甜于浮萍。非石之类，假石之名。实出甘柘（甘蔗），变而凝轻。甘柘似竹，味甘。煮而曝之，则凝如石而甚轻"，证明石蜜出于甘蔗。陶弘景编修的《神农本草经集注》更具体说明了"蔗出江东为胜，庐陵亦有好者。广州一种数年生，皆大如竹，长丈余，取汁为沙糖，甚益人"。晋永兴元年（304年），嵇含所著《南方草木状》也提到用甘蔗汁晒糖。以上著作都证明蔗糖的制造不始于唐贞观年间。同时吉敦谕先生认为中华民族是极善于创造并善于学习的民族，甘蔗作为先秦时期就已经在我国土生土长并广泛种植的作物，却一直到唐初才从印度学习熬糖法，这是极为不合理的。

吴德铎先生则主张"唐代说"，他认为吉先生所提供的证据均不可

---

① 糖化：淀粉加水分解成甜味产物的过程，是淀粉糖品制造的主要过程。

靠,并在 20 世纪 60 年代和 80 年代与吉先生进行了两次论战[3]。吴先生首先指出,陶弘景编修的原书早已失传,吉先生所引内容为唐本《新修本草》夹注而非正文,反而成为只有唐朝才出现"沙糖"这个名称的有力反证。余嘉锡也在《四库提要辨证》中提出大量事实,证明《南方草木状》非嵇含原作。另外,历史上曾兴起一股《异物志》热潮,以《异物志》命名的书籍非常多,因此无法证明《齐民要术》所引《异物志》为汉代杨孚所作。而且,《齐民要术》卷十记载均为"五谷果蓏菜茹非中国物产者",据此吴德铎先生认为"吉先生提出的这一证据,似乎只能说明当时的'中国'(指黄河流域)不但不能制蔗糖,甚至连甘蔗都没有。"因此,吴德铎先生认为我国开始炼取蔗糖的时间为唐朝,并不是像吉先生所说的始于汉代[3]。

季羡林先生则认为上述两个观点均具有合理的部分,但又都有些极端。在对现存史实材料进行去伪存真的剔抉后,季先生提出了一个折中的观点——曝煎制蔗糖的方法在南北朝时期就已存在,在唐朝则是向印度学习了"熬糖法"[4]。《吴录地理志》、宋王灼和洪迈《糖霜谱》所引《南中八郡志》:"曝成饴,谓之石蜜",嵇含《南方草木状》:"曝数日成饴",杨孚《异物志》:"又煎曝之,凝而冰"等史料记载均支持了这一观点。关于《异物志》是否为杨孚所作以及《齐民要术》卷十记载均为"非中国物者",季先生做出了以下解释。三国魏晋南北朝时期兴起了一股《异物志》热潮,这在历史上是空前绝后的。这主要是由于当时中国地理知识逐渐扩大,接触到了许多国外以及本国边远地区的动植物,同日常习见者不同,遂一律谓之曰"异物"。这些《异物志》也存在互相抄袭的情况,比如上文《齐民要术》所引、吉敦谕先生认为是汉杨孚《异物志》中关于甘蔗的描述,也被张澍辑本《凉州异物志》全部收入,李时珍引用此文(《本草纲目》卷 33)则标注为万震《凉州异物志》。但不论《异物志》是否为某人所作或存在抄袭情况,其产生的时期均在三国魏晋南北朝时期,不会晚至唐代。至于《齐民要术》卷十所记载的"非中国物者",如麦、稻、豆、梨、桃、橙、槟榔、蔗糖等,季先生则认为是由于内地很少生产,普通民众难以享受而被认为是"异物",并非是中国没有。且后魏贾思勰《齐民要术》所引《异物志》关于蔗糖的叙述,虽无法确定为汉代杨孚所作,但最起码代表了后魏时期的情况。

根据以上论述,季羡林先生认为:中国蔗糖的制造可能起源于三国魏晋南北朝到唐代之间的某个朝代,但最迟要早于后魏时期。这意味着我国的蔗糖产业萌芽于这个时期[4]。

第二节　唐代：西方取糖

自战国时期人们从甘蔗中榨取蔗浆后,甘蔗的种植日益兴盛,手工制糖技术也逐步提高。经千年发展至唐代,中国已出现制糖作坊,真正出现了现代意义上的手工红糖,标志了手工制糖业从粗糖期步入了结晶糖期。

自周朝甘蔗传入中国至唐代初期,人们使用甘蔗制糖的方法基本上为粗加工,主要为榨汁取浆、制石蜜和沙糖①食用。在古代,石蜜的制作方法是煎熬蔗浆并将其暴露于空气中,使其失去水分后冷却,从而形成褐红色的原始糖块,而非后来的结晶糖。唐代之前的沙糖本质上仍然是与石蜜类似的粗制红糖[5],季羡林和李治寰先生考证后均认为这种东汉时期从印度引进的团状粗制糖因其易被打碎成沙状粉末而被称为沙糖[6,7]。且石蜜等粗制糖作为非结晶糖,极易回潮变湿,不易保存运输,限制了食糖的消费及贸易。

唐代是我国蔗糖产业的一个重要转折点:通过从印度引进熬糖法和漉水分蜜法生产出了真正的结晶糖,制糖技术实现飞跃,不仅大大提高了蔗糖质量,还促使了种蔗、制糖专业户的出现以及甘蔗和蔗糖的市场

---

① 沙糖是通过熬煮蔗浆所形成的团状粗制糖;而对蔗汁进行煮炼结晶、分离糖蜜后制成的蔗糖结晶为结晶糖,即砂糖。两者有本质上的区别。

销售。唐贞观二十一年（647年）和龙朔元年（661年）唐朝两次遣使前往印度学习先进制糖技术，改进了我国"石蜜"和"沙糖"生产技术。这不仅在《新唐书》及《续高僧传》中可得到印证，而且19世纪80年代初我国出土的敦煌残卷也提供了唐代两次学习制糖技术的具体记载。经季羡林先生考证后，得出的勘校释文分别为："若造煞割令，却于铛中煎了，于竹甋内盛之。漉水下，闭门满十五日开却。着瓮承取水，竹甋内煞割令漉出后，手遂一处，亦散去，曰煞割令（石蜜）"和"西天五印度出三般甘蔗：一般苗长八尺，造砂糖多不妙；第二，较一、二尺矩，造好砂糖及造最上煞割令；第三般亦好。初造之时取甘蔗茎，弃去梢叶，五寸截短，着大木臼，牛拽，于瓮中承取，将于十五个铛中煎。旋泻一铛，著箸，拶出汁，置少许灰。冷定，打。若断者熟也，便成沙糖；又折不熟，又煎"。上述记载表明，引进制糖技术所生产的石蜜是通过"竹甋漉水"（利用石蜜自身的重力，将不能结晶的石蜜漉出）后得到的结晶体，且沙糖制作工艺也由原先的"曝而煎之"转为"加灰熬制"。至此，蔗糖制造完成了从粗制沙糖到结晶砂糖的跨越，后世则主要是在"脱色"和"增白"上进行技术改进。

糖霜和糖坊的出现则是唐朝蔗糖业另一大飞跃。史载糖霜是唐代宗大历年间（766—779）传入剑南道遂州（治方义县，即今四川遂宁市）的一种蔗糖种类，《中国通史》第三卷也记载：唐代盛产糖霜，遂宁产最有名，相传为邹和尚所创。据传，邹和尚学识渊博、喜欢游历，其在遂宁城北三十里的伞山（今伞峰山）修行期间，在总结外地制糖经验的基础上首创了窨制糖霜技术（详见宋王灼《糖霜谱》），生产出了色、香、味俱佳的糖霜。由于糖霜的外观类似冰块，因此后来被通称为冰糖。但因该制作工艺比较复杂，需要耗费大量的人力、物力，故当时糖霜的生产并未在全国展开，仅限于遂州一带。另《糖霜谱》记载，自邹和尚传授糖霜制作法之后，遂州地区"山前后为蔗田者十之四，糖霜户十之三"，出现了植蔗、制糖专业户[8]。据《唐大和上东征传校注》载，天宝二年（743）鉴真东渡日本前在扬州备办物品，"毕钵、呵梨勒、胡椒、石蜜、蔗糖等五百余斤，蜂蜜十斛，甘蔗八十束"[9]。又如《清异录》云："甘蔗盛于吴中，亦有精粗，如昆仑蔗、夹苗蔗、青灰蔗，皆可炼糖；桄榔蔗，乃次品。糖坊中人盗取未煎蔗液，盈盌啜之，功德浆即此物也。"可见，唐朝就已经出现甘蔗和蔗糖贸易，在五代时期苏州（治吴县，即今江苏苏州市）蔗糖销售较为繁荣，并已明确记载有固定糖坊出现。这表明唐朝已有专业蔗农、制糖专业户出现，且糖坊和蔗糖贸易也逐渐兴起。

第三节　宋代至元代：传统糖业的确立期

在继承唐朝制糖技术的基础上，宋元时期中国传统蔗糖业正式确立，糖霜开始大规模生产，甘蔗种植区域由内地移向华南沿海地区——福建与广东，蔗糖也从之前的限于药用及在上流阶级流通下沉到了广大民众的消费生活中，蔗糖业经济逐步走向专业化、商品化和市场化。

在 10 世纪后，中国的福建、广东、浙江等省开始兴起大量糖坊，根据宋史专家漆侠先生的估计，宋代经营榨糖业的专业户和糖坊大约有 5000 户左右。随着糖霜的大规模生产，蔗糖贸易日益繁荣，成为中国的主要出口商品，远销伊朗、古罗马等地。公元 1130 年，北宋时期的王灼完成了中国第一部甘蔗制糖专著——《糖霜谱》。该书共分为七篇，详细介绍了中国制糖的发展历史、甘蔗种植方法、制糖设备、工艺过程、糖霜的性味、用途以及制糖行业状况等内容。根据第四篇的记述，制糖霜的具体流程为：削去甘蔗外皮；将去皮的甘蔗剉（锉）成如铜钱大小的形状；碾碎甘蔗片，未能碾碎的部分予以捣碎；将捣碎的甘蔗蒸泊在甑中，榨取糖水（蔗汁）；将糖水入锅中煎煮，待糖水七分熟时，盛入瓮（瓮）中；再歇三日后再次煎煮直至九分熟呈黏稠状；最后将其放入竹编瓮中，上盖簸箕，让其自然结晶。榨蔗的时间通常在每年十月到十一月。制糖所需器具包括削蔗、到蔗的利器，以及碾、舂、甑、釜和瓮等。

到了元代，司农司编撰的《农桑辑要》中详细记述了当时的制糖法。制糖流程简化为：去除甘蔗梢叶，将其截成二寸长的甘蔗节；用碓将其捣碎，装入密筐或布袋中，压挤获取蔗汁；将蔗汁倒入铜锅中，根据蔗汁数量用文武火煎熬，直至熬至黑枣色的黏稠糖水；最后将熬制好的糖水装入一个下面有孔的瓦盆中。与宋代相比，元代的制糖法进一步革新，步骤减少一半，摈弃了蒸泊步骤，直接榨取蔗汁熬糖。这一时期是制糖技术革新的重要过渡时期。在宋元时期，甘蔗种植地区也从扬州和蜀地扩散至江苏、浙江、江西、四川、湖南、湖北、云南、广东和福建等地区[10]。同时，史料文献中也出现了多种甘蔗品种的记载，如昆仑蔗、夹蔗、苗蔗、青灰蔗、桄榔蔗与白岩蔗等[11]。

蔗糖业从农业种植业的附属地位中脱离出来，形成了一个独立产业，是宋元时期可作为传统糖业的确立期的一大依据，在中国甘蔗及蔗糖发展史上具有里程碑意义。宋王灼《糖霜谱》"(伞)山前为蔗田者十之四，糖霜户十之三"及《嘉靖惠安县志》"宋时王孙、走马埭及斗门诸村皆种蔗煮糖，商贩辐辏"的记载则体现了宋代甘蔗种植规模之大、商品化程度之高，甚至福建仙游县每年运输至江淮地区销售的蔗糖达"几万瑿（坛）①"之多[12,13]。入宋以来，唐朝的坊市制度被打破，商品经济空前繁荣，甘蔗及蔗糖消费也逐渐下移。在很长一段历史时期里，甘蔗和蔗糖都作药用或是上级阶层才能享受的奢侈品，但到宋元时期蔗糖开始逐步走入寻常百姓家。在蔗糖产地，普通百姓在市场上就能消费使用甘蔗和蔗糖，在非蔗区的大城市也可以购买到新鲜甘蔗、蔗糖和各种糖制品，这在《东京梦华录》《都城纪胜》《西湖老人繁胜录》和《梦粱录》等书籍中得到了印证。

---

① 四库全书作"億"，本文合参明正德八年方良杰刻本与清钞本，将"億"更正为"瑿"。

第四节　明清时期：传统糖业的变革发展期

宋元时期建立的传统糖业，受到元明交替时期的战乱与变革影响而衰退，但在明太祖推行恢复农业生产的各项政策下，商品生产又重新获得了发展。明清时期成为中国糖业经济的关键变革、发展时期——继承了宋元时期中国制糖业的革新成果，并在此基础上开启了近代以来中国糖品的大规模生产。

在明清时期，中国糖业经济经历了巨大的变革并在持续发展。甘蔗成为重要的经济作物，制糖经验得到了系统总结，手工制糖技术逐渐程式化，食糖消费呈现"庶民化"趋势，而糖业贸易也实现了全球化，这些均是"糖业明清变革"的典型特征。同时，与同期西方以奴隶制和殖民为基础的种植园经济模式相比，明清糖业变革的动力主要源于中国自身需求，没有西方殖民种植园经济的补充，也没有西方制糖技术的引进。明代的《竹屿山房杂部》《天工开物》《农政全书》和清代的《广东新语》《台湾使槎录》等文献系统总结了甘蔗种植和制糖经验，使得甘蔗种植技术更加完备，推动了手工制糖技术的水平达到巅峰并逐步程式化。例如，畜力带动立式辊子压榨甘蔗、蔗汁木灰澄清提纯、多铁锅熬煮糖液和黄泥水淋法等技术的规范化不仅有助于制糖技术的大范围推广，也极大地推动了蔗糖业的高速发展。其中，黄泥水淋法制白糖或白砂糖标志着传统手工制糖技术的成熟定型，代表了传统手工制糖技术的高峰，季羡林先生也评价该技术是"中国人的又一个伟大的科技贡献"。另外，手工制糖从家庭副业制糖到工厂性制糖的转变是明清时期蔗糖业发展的重要特征[14]。福建、台湾、广东、江西和四川等地均出现了专业种蔗区，

① 削皮 → ② 锉成铜钱大小 → ③ 碾碎或捣碎 → ④ 榨取蔗汁 → ⑤ 煎煮至七分熟 → ⑥ 瓮中歇三日 → ⑦ 煎煮至九分熟 → ⑧ 自然结晶

且清中期之后，广东、福建等主要蔗区的"糖房"和"糖寮"均出现了专职聘任工人和细致的制糖分工现象。工人的伙食由雇主统一安排且由雇主以现金方式支付薪资。这意味着制糖业进入了资本主义手工工场阶段[15,16]。

在7~16世纪，甘蔗及糖制品都被视为极其珍贵的商品，除了药用外，仅供高僧、皇族和大臣等上层社会群体消费，没有在市场上广泛流通[17,18]。然而，随着商品经济的发展，到了明中期，糖品消费开始取得显著进展。在北京、南京等城市，琥珀糖、倭丝糖和窠丝糖等糖食开始在专门的糖食铺户出售[19,20]。到了清中期，中国糖品消费发生了大幅度扩张，深度融入了人们的日常生活和社会风俗。消费群体从上层阶级延伸到普通下层民众，初步实现了"蔗糖商品化"和"消费庶民化"。值得一提的是，中国糖品消费的"庶民化"比英国提前了100年[21-24]。

随着制糖技术程式化和糖产量的增长，明清时期中国的制糖技术及糖品开始在全球范围内传播和流动。国内的制糖技术以福建为源点向外扩散，带动了广东、浙江和四川等地的糖业经济发展。同时，这些技术也迅速传播到国外，促进了日本和东南亚地区蔗糖业的兴起和发展。中国生产的蔗糖产品在国内形成了南糖北销的格局，即北方所需的糖品由南部蔗糖产区（如广东、福建、台湾等）供应。而国外的糖品则通过厦门、福州、广州等港口出口，销售遍及亚洲、美洲和欧洲的14个国家和地区，实现了蔗糖贸易的全球化。根据吴杰编撰的《中国近代国民经济史》的统计结果，1804~1829年，中国每年对美国出口的糖和糖果数量从几百至几万担不等。这一时期中国的制糖业蓬勃发展，不仅满足国内市场需求，还在国际贸易中占据了重要地位。

清朝末期则是另外一个变革时期，该时期的制糖业出现了新成员甜菜（1830年，欧洲制糖甜菜育种成功）、机器制糖业也就此兴起，受机器制糖和进口糖的双重挤压，甲午战争之后中国由蔗糖出口国变为了进口国，传统手工制糖逐渐衰败。

第五节　民国：传统糖业及机械制糖业的兴起与衰落

鸦片战争前，中国的蔗糖产业繁荣，传统手工制糖技术达到巅峰。鸦片战争后，中国由封建社会转向半殖民地半封建社会，西方对中国的压迫和剥削加剧，蔗糖事业也蒙受其害。中国主要蔗区如四川、广东、广西、福建和江西等地也因受太平天国运动影响而导致蔗糖减产。同期，英国工业革命之后，国外的制糖业经历了重大变革：蒸汽压榨机逐渐取代了畜力驱动的石磨压榨机。这一技术的革新大大提高了生产效率：传统的畜力压榨机平均只能收取20%~30%的蔗汁，而蒸汽压榨机则能多收取70%的蔗汁。在此背景下，英、美等国的商人将先进的制糖设备引入到菲律宾、印度尼西亚、古巴等甘蔗种植大国，从而生产出大量质优价廉的蔗糖，并将其销往世界各地，包括中国。受洋糖的涌入及战乱的影响，清末民初的中国糖业大幅衰败：蔗田荒芜、糖寮倒闭。

1840~1949年，中国蔗糖业急剧衰落。除了受甜菜糖的竞争挤压外，主要原因是反动统治和帝国主义的侵略，导致大量的割地赔款、外糖倾销及受剥削加重。清政府长期闭关锁国导致国内科技发展滞后，核心竞争力不足。鸦片战争后，中国从世界唯一的产糖大国降为五大产糖国（中国、印度、爪哇、菲律宾、古巴）之一；经甲午战争，再度降为食糖大量进口国，这一系列过程清楚地表明了中国传统糖业的衰败进程。

日本侵占台湾后大力发展糖业，彻底压垮了中国大陆各地的蔗糖业。在日据期间，由于蔗糖业的利润以及为满足日本蔗糖消费的需求，日本采取了关税保护、刺激奖励和加强科学技术研究等措施，积极发展台湾糖业，使得台湾成为"砂糖之岛"。糖业不仅成为台湾当时的第一大产业，台湾也成为日本糖业的重要产区[25]。日本也由原先的蔗糖大量进口国转变为出口国，开始对中国大量倾销。这不仅抢占了比较多的爪哇白糖、菲律宾红糖及香港精糖的中国内地市场，也压垮了中国内地各省区的蔗糖业。第一次世界大战期间（1914~1918），中国的蔗糖生产虽曾略有恢复，但是受甘蔗品种、栽培技术以及制糖技术等未得到发展等一系列问题制约，蔗糖生产成本高、产量低，又走向衰落。如1920年上海吴淞成立的国民制糖厂、山东济南成立的溥益实业公司（制甜菜糖厂）均昙花一现。

1931年九一八事变后，日本军队所犯恶行激起全体中国人民的愤怒，大家纷纷抵制日货，1932年日本糖进口量就下降一半之多。同时，在提高蔗糖进口税等保护措施下，中国大陆各省的蔗糖生产又有了一些起色：广东在惠州、市头、新造等地区设立了机械制糖厂，广西于贵县设糖厂，福建有华侨经营并备有榨蔗机的漳浦祥丰农场、南安县温陵蔗糖公司、龙溪宅内农场、长泰大鹤农场及同安角美农场。但日寇又于1937年大举向中国进攻，广东、福建等主要蔗区又遭破坏，四川因交通不便，外糖输入困难，又有内地市场，蔗糖业尚能勉强维持。抗日战争期间，四川更借机发展了蔗糖业，兴办了华农糖厂、中国炼糖公司和沱江公司等半机械糖厂，但产量总数仍然极少。抗战开始不久，物价上涨，且国内封建势力的压迫、剥削、贪污、敲诈愈发严重，1942年后上述的一些半机械糖厂相继倒闭，蔗糖业又行衰败。在这困难的时期，四川、广西等地成为中国新的蔗糖生产中心，大后方的制糖企业成为支撑着中国糖业生产的重要力量。

抗日战争胜利后，为促进蔗糖业等轻工行业恢复生产，南京国民政府开始直接领导资源委员会。当时，台湾省内糖、粮争地，尽管制糖设备有余，但甘蔗供应不足，导致榨季短、成本高。为解决这一问题，资源委员会在1948年决定由台湾糖业公司从台湾拆迁多余的制糖设备，利用台湾糖业公司的人力、物力，同时在广东和四川两个产糖区建设新糖厂。在此期间，时任台湾糖业公司总公司协理兼第二分公司经理的张季熙在广东调研后，提出了将苗栗糖厂（日榨能力 1000 吨）、埔里社糖厂（日榨能力 750 吨）、乌日糖厂（日榨能力 800 吨）、恒春糖厂（日榨能力 650 吨）、湾里一厂（日榨能力 700 吨）及台中二厂（日榨能力 550 吨）等糖厂分期分批迁至广东的计划。其中，前三个糖厂设备完整，但由于台湾省内甘蔗较少，开工时间常常不足，每个榨季仅能开工 30～60 天，产量低、成本高，因此失去了继续经营的价值；而另外三个糖厂则在抗战期间被美军轰炸，只有部分设备保存完好。因此，此次糖厂的迁址既不会影响台湾糖业的发展，反而能延长其他糖厂的压榨天数，降低生产成本。这一举措不仅有利于台湾糖业的大发展，也为新中国成立后制糖业的恢复奠定了基础。另外，在此时期甘蔗有性繁殖技术开始出现并形成完整的理论方法，只是由于战乱未大范围推广使用。此后，梁光商教授等专家持续进行甘蔗有性繁殖技术的相关研究，为新中国成立后甘蔗良种的选育创造了有利条件[26]。

第六节 近现代：蔗糖业飞速发展期

新中国成立后，人民政府针对市场现状公布各项政策扶持蔗农、稳定糖价，不仅粮糖比价日趋合理，我国制糖业也摆脱了战乱时的萧条，得到发展。新中国成立后我国社会经济发展先后经历了高度集中的计划经济和充满活力的社会主义市场经济两个阶段，但针对蔗糖业发展则可以细分为初期发展、大跃进与困难时期、改革开放与复苏、现代化发展四个时期。

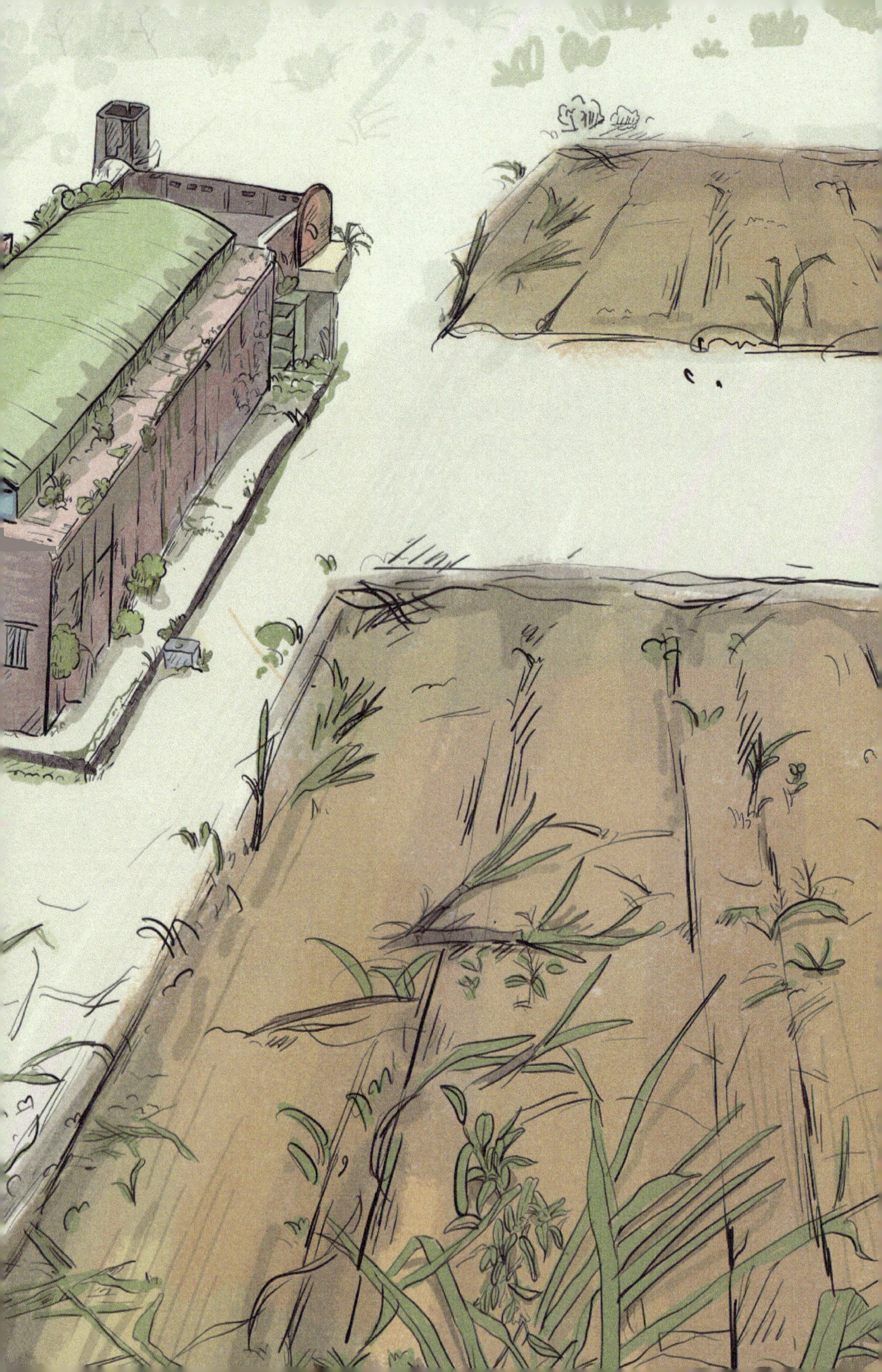

1949~1958年是新中国成立后糖业发展史的第一个繁荣时期。新中国成立初期，国内仅有几家中小型手工制糖厂，且大部分面临倒闭，国内所生产的红糖多为土法制作。为了推动糖业的发展，我国政府在进行资源调查的基础上，制定了糖业发展规划：首先，引进了来自波兰、捷克等先进产糖国的制糖工艺和设备，使我国制糖工业一跃进入了当时的国际先进水平；其次，采取了多项措施，包括在高校设立制糖专业、建立海南甘蔗杂交育种场、在甘蔗主产区建立甘蔗育种研究机构及在土法制糖产区的机械化和半机械化改革，为我国糖业发展奠定了坚实的基础。在这一系列推动糖业发展的措施下，该时期不仅恢复了新中国成立前已经停产的5家机制糖厂，还新建了24家能日处理1000吨糖料的大型机械化制糖厂，总新增年产糖量达到170万吨（据中国糖业协会统计数据）。同时，全国范围内的三分之一土法制糖厂实现了机械化和半机械化改造。这一时期的发展，使得我国糖业获得了显著的进步和扩展，为实现糖业的现代化打下了坚实的基础。

1959~1977年是新中国糖业生产的快速发展与困难时期。在这一时期，特别是1959~1961年，中国连续几年遭受大面积的自然灾害，导致农业生产遭受巨大损失，全国年食糖产量也从1958年的110.25万吨下降到1961年的31.19万吨。随后，我国政府制定了"调整、巩固、充实、提高"的经济方针，1963~1965年糖料与食糖生产迅速恢复。在这期间，不仅先前停产的糖厂全部复产，还有一批新建与扩建的糖厂相继投产，使得1965年全国食糖产量达到155.4万吨的历史最高水平。然而，"文化大革命"期间糖料与食糖生产建设受阻。1975年，年制糖量仅为161.33万吨，与1965年相比仅增长了约6吨。

1979~1990年是我国糖业生产建设最兴盛的时期。自1978年党的十一届三中全会后，我国农村广泛实行了家庭联产承包责任制，极大地调动了农民的生产积极性。为扭转市场食糖供应长期依靠进口的局面，党中央和国务院不仅确立了"食糖要立足于国内"的方针，也发布一系列经济措施解除了糖农口粮不足、主要农用生产资料供应不足、价格限制过"死"和加工能力不足等因素对糖业发展的束缚。在实行重点产糖省（区）糖粮挂钩、糖奖化肥、价外补贴、利润分成及"改造扩大老厂、尽量少建新厂"等政策措施后[27]，我国年食糖产量迅速增长，分别于 1980 年、1984 年、1985 年、1990 年、1991 年跨过 300 万吨、400 万吨、500 万吨、600 万吨和 700 万吨大关，于 1991 年达到 791 万吨，实现了食糖的基本自给（据中国糖业协会统计数据）。

　　1991 年后，糖业迎来了现代化发展的时期。随着社会主义市场经济的发展，国务院决定调整食糖经营管理相关政策，于 1991 年将食糖收购调拨计划由指令性计划改为指导性计划，实行多渠道、少环节的经营食糖转变；同时，研究人员与农民食糖出厂价也由国家定价改为国家指导价，食糖销售实行敞开供应。通过对食糖生产经营和管理体制改革，我国实现了制糖业由计划经济向社会主义市场经济的转变。同时，研究人员与农民利用科技手段在南方开发旱坡地种甘蔗，在北方开垦荒地种甜菜，解决了糖、粮争地的矛盾；通过政府支持和地方投资，开发、建设涵盖三省一市（广西、云南、新疆和广东湛江）的糖料基地，实现了糖料作物的集约化种植；并通过采用新技术、改造老糖厂，调整糖价与糖料的收购价格等手段实现了糖业生产的稳定与发展，达到了食糖要立足于国内的目标。基于上述措施，我国食糖产量分别于 1991 年、1997 年及 1998 年达到 791 万吨、811 万吨和 882.6 万吨，做到了食糖国内自给并有少量出口（据中国糖业协会统计数据）。

　　2001 年 12 月 11 日，我国加入世界贸易组织（World Trade Organization，WTO），是我国改革开放进程中的又一重要里程碑。加入 WTO 使得我国的糖业生产与消费逐步与世界融为一体，蔗糖业发生了巨大转变。作为世界食糖生产及消费大国，我国加入 WTO 为糖业带来了众多机遇和挑战。我们可以承揽国际原糖精炼加工、协助发展其他国家的糖业，还可以进行境外投资办厂和输出我国糖业专利技术等。同时，加入 WTO 也有助于改善我国投资环境，吸引更多资金投入糖业，进行生产建设，并引进国外先进的技术装备，提高我国糖业生产技术和管理水平。此外，加入 WTO 还推动了我国糖业机制改革，促进了我国食糖市场的规范化建设。然而，我们也要面对一些挑战。与发达产糖国家相比，我国甘蔗种植立地条件差，蔗糖生产管理水平还相对较弱，生产效率低、成本高、竞争力弱。特别是在加入 WTO 时承诺的进口糖关税税率偏低、关税准入量偏大，使我国无法享受对待发展中国家的关税与关税配额措施保护，容易受国际糖价异常波动的冲击，也限制了国内市场糖价的上限价位[28]，对我国的蔗糖生产提出更高的要求。

事实也如此，加入 WTO 后，国外食糖对国产糖的冲击变大，我国食糖自给率一度跌破 70%。据《中国糖业年报》历年数据，"十三五"时期，全国食糖累计产量下降到 4816 万吨，消费量增长到 7570 万吨，自给率 63.62%，消费对外依存度暴增至 36.38%，食糖安全面临严峻挑战[29]。为更好地应对这些机遇和挑战，我国采取了一系列对策和措施[30]。首先，政府调整了管理模式，帮助分散经营的农民克服面临的种种盲目性和局限性，建立以引导和服务为主要内容的新型管理模式。其次，调整了农产品的进口和农业贸易政策，充分利用 WTO 农业协定"绿箱"政策条款，强化对糖业生产的投入支持。最后，加快食糖加工企业改组改制步伐，提高我国企业竞争力；鼓励企业集团的组建，允许多种所有制形式的制糖加工企业共同发展，实现平等竞争。

总的来说，新中国成立以来，我国糖业经历了结构调整、改革发展以及加入 WTO 多年的竞争和磨炼，其国际竞争力显著增强，特别是大型糖业集团在这个过程中获得了明显发展。食糖的平均生产成本大幅度降低，进口糖价格与国内食糖平均生产成本之间的价位差距拉大，这大大增强了我们调控食糖进出口、保障国内市场供应以及维持稳定糖价的能力。在国际贸易相互平等的条件下，我国糖业已具备通过进出口来调节国内食糖供求平衡，保障工农业生产和市场供应的能力。通过妥善处理两个市场之间的关系，加强全面整合和总量平衡、季节性平衡，深化改革并强化行业管理，我国糖业将能够实现持续、稳健的发展。同时，我国糖业也将为促进国际食糖流通，调节国际食糖供求平衡，维护世界糖价的稳定做出自己的贡献。

本章作者：李艺寒　高瑞婷　张积森

本章参考文献

[1]（战国）屈原. 楚辞[M]. 郭艳红主编. 哈尔滨：北方文艺出版社，2019.

[2]吉敦谕. 糖和蔗糖的制造在中国起于何时[J]. 江汉学报，1962，（09）：48-49.

[3]吴德铎. 关于"蔗糖的制造在中国起于何时"——与吉敦谕先生商榷[J]. 江汉学报，1962（11）：42-44.

[4]季羡林. 季羡林文集：糖史（一）[M]. 南昌：江西教育出版社，1998.

[5]赵匡华，周嘉华. 中国科学技术史·化学卷[J]. 北京：科学出版社，1998.

[6]季羡林. 古代印度沙糖的制造和使用[J]. 历史研究，1984（1）：18.

[7]李治寰. 中国食糖史稿[M]. 北京：农业出版社，1990.

[8]（宋）王灼，糖霜谱[M]，第2页.

[9]〔日〕真人元开. 唐大和上东征传校注[M]. 梁明院校注. 扬州：广陵书社，2010.

[10]季羡林. 季羡林文集：糖史（一）[M]. 南昌：江西教育出版社，1998.

[11]戴国辉. 戴国辉全集10：华侨与经济卷一[M]. 台北：《文讯》杂志社，2011.

[12]（宋）方大琮. 铁庵集·卷21：乡守项寺丞博文书[M]. 台北：台湾商务印书馆，1969.

[13]（清）纪昀等. 影印文渊阁四库全书·第1178册[M]. 台北：台湾商务出版社，1983.

[14]许新涤，吴承明. 中国资本主义发展史：中国资本主义的萌芽（第一卷）[M]. 北京：人民出版社，2003.

[15]李文治，魏金玉. 明清时代的农业资本主义萌芽问题[M]. 北京：中国社会科学出版社，1983.

[16]彭泽益. 中国近代手工业史资料1840—1949[M]. 北京：中华书局，1962.

[17]张泽咸. 唐代工商业[M]. 北京：中国社会科学出版社，1995.

[18] 魏明孔. 隋唐手工业研究[M]. 兰州：甘肃人民出版社，1999.

[19] 沈德符. 万历野获编：元明史料笔记[M]. 北京：中华书局，1959.

[20] 何良俊. 四友斋丛说[M]. 北京：中华书局，1959.

[21] 中国历史博物馆. 盛世滋生图[M]. 北京：文物出版社，1986，徐扬绘制于乾隆二十四年，原画藏于辽宁省博物馆.

[22] （清）佚名. 北京民间风俗百图：北京图书馆藏清代民间艺人画稿[M]. 北京：书目文献出版社，1983.

[23] 傅崇矩. 成都通览[M]. 成都：巴蜀书社，1987.

[24] Wilde M. Sweetness and Power: The place of sugar in modern history[J]. Technology and Culture，1987，28（1）：141-143.

[25] 黄绍恒. 砂糖之岛：日治初期的台湾糖业史 1895—1911[M]. 新竹：台湾交通大学出版社，2019.

[26] 陈世治，蓝艳华. 中国糖史之三——建国前蔗农与糖厂、土糖与机制糖的关系及抗战前糖业恢复[J]. 广西糖业，2019，109（05）：45-48.

[27] 山西省人民政府. 山西省人民政府转发国务院关于棉粮、糖粮挂钩奖售粮几个问题的通知[J]. 山西政报，1981（09）：22-23.

[28] 管仁林. 中国入世承诺法律文本解释[M]. 北京：中国民主法制出版社，2002.

[29] 雷承宝. 构建中国糖业和谐共赢新生态——"十四五"中国糖业发展研究[J]. 广西糖业，2021（05）：38-44.

[30] 茅飞龙. 加入WTO对我国糖业生产的影响及对策[J]. 甘蔗糖业，2002（02）：46-48+41.

第五章
甘蔗的文化意蕴

　　甘蔗的名称和写法是如何演变而来的？甘蔗在国内外的文学作品中又分别代表了怎样的文化符号？"蔗境"又有何深意？本章将带领大家徜徉国内外文化长河，品读与甘蔗有关的各种文学作品，认识与甘蔗有关的文化符号，了解甘蔗在不同文化和时代中展现出丰富的象征意义。

除了作为重要的农作物，甘蔗还被视为一种文化符号，象征着人们对美好生活的向往和追求，并承载着丰富的文化内涵。在本章，我们将探索甘蔗在文化中扮演的角色，并分析它在作品中的象征意义、对它的细节描写及其对整体作品的影响。

第一节　甘蔗写法与发音的历史演变

甘蔗在历史文献中有许多不同的写法，反映了其发音在不同时期和地域的演变。

先说甘字。虽然现代常用的写作"甘"字来形容甘蔗的甜味，但实际上在一些古代文献中，甘蔗被写作"竿蔗"。明代的谢肇淛在《五杂组》中明确指出，《南方草木状》中描述的是蔗的"挺直如竹竿"的特点，而不是甘蔗的甜味。他认为将其写作"甘蔗"是错误的。同时代的李时珍也接受了这种说法。"甘蔗"之"甘"受到"蔗"字的偏旁"艹"影响，而类化为"苷"字。由于甘蔗受到南方语言差异的影响，因此曾出现了写作"干蔗"的情况；由于俗体偏旁"艹""竹"不分，遂写成"竿"，进而讹变为"芉""芊"（图5-1）。关于这些写法纷繁的原因，唐慧琳的《一切经音义》解释道："于蔗，之夜反，或有作甘蔗，或作芉蔗，此既西国语，随作无定体也。"这意味着这些写法可能是来自西方语言的发音，但并没有明确指出原词来自哪种语言。

再说蔗字。伟大的爱国诗人的屈原在《楚辞·招魂》中这样写道："腼鳖炮羔，有柘浆些"。这里的"柘"就是古代甘蔗的名字，"柘浆"是指从甘蔗中榨取出的汁液，在战国时期，楚国就已经具备了加工甘蔗的能力，可以提取甘蔗汁用于食用或其他用途。这表明古代楚国人们对甘蔗的利用和加工技术已经相对成熟。

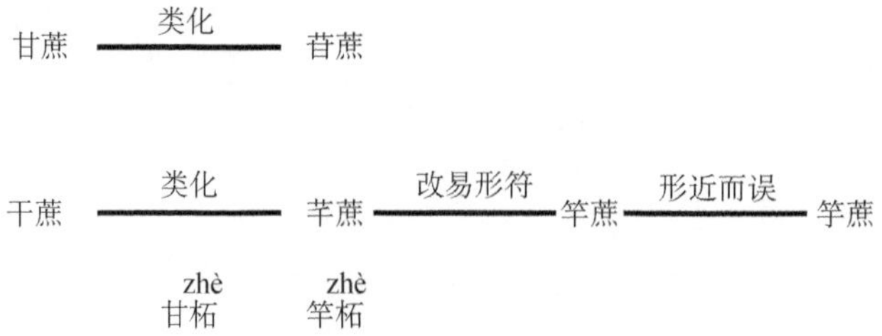

```
甘蔗 ——类化—— 苫蔗

干蔗 ——类化—— 芉蔗 ——改易形符—— 竿蔗 ——形近而误—— 竿蔗
     zhè          zhè
     甘柘          竿柘
```

图 5-1 "甘蔗"字形演变

甘蔗这个词在古代文献中有多种不同的写法。司马相如《上林赋》中写作"甘柘"（gān zhè），在《杖铭》中被写作"都蔗"（dū zhè），在《说文》中被写作"藷蔗"（zhū zhè），而在《三国志·孙亮传》注引《江表传》中则写作"甘蔗"。这些不同的写法反映了古代对甘蔗名称的多样认知和表达方式，也反映了甘蔗在不同地区和文化中的流传和应用。

总的来说，"藷"、"蔗"和"柘"均指甘蔗，但在双音化的过程中，"蔗"取得优势地位，淘汰了"藷"和"柘"。究其原因，可能是与这几个字的表达和构词能力有关。

"蔗"这个字最初出现在《说文》时代，它是一个形声字。篆书形体像草，表示甘蔗是草本植物。在公元前4世纪末，中国的语系中就出现了对甘蔗的称呼，早期使用的"柘"或"薯柘"一词，后来由于"柘"字原为放养野蚕和取作黄色染料的一种树木名称，为了避免混淆，自公元前1世纪，再不用"柘"字，而改用"蔗"字作为它特定的文字名称。又由于有些产蔗区兄弟民族用的是复名，或改用藷蔗（诸蔗、都蔗）二字等来特定地称呼甘蔗。再后，又出现甘蔗名称，一直沿用到现在。为什么要用这个字呢？北宋"王安石变法"的第二号人物吕惠卿向宋神宗解释："所有的草木都是从正根和主干上长出来的，只有蔗是侧着种、从侧根长出，所以从'庶'字。"——庶子就是侧室生的儿子的意思嘛。

关于"蔗"字是否为甘蔗的梵语译名，唐代的《梵语杂名》中提到，"甘蔗"的梵语对音是"壹乞刍"[iksu]。根据语音学的分析，可以推测"蔗"字的上古音属鱼部章母，可拟作[tia]或[iksu]，但无法确定其准确发音。

因此,甘蔗的不同写法与发音的变化反映了历史上对甘蔗的命名和音译方式的多样性,同时也展示了不同文化交流中的影响和演变过程。

第二节 甘蔗在外国文化中的角色

在印度文学中,甘蔗经常出现在诗歌和神话故事中。甘蔗对印度文化的影响很深,印度许多古籍都记载甘蔗这一植物。《中阿含经》卷1中记载:

> 如王边城畜酥油、蜜,及甘蔗、糖、鱼、盐、脯肉,一切具足,为内安隐,制外怨敌,是谓王城四食丰饶,易不难得。如是王城七事具足,四食丰饶,易不难得,不为外敌破,唯除内自坏。

佛经里也出现上千处关于甘蔗的记载与描述。如《佛本行集经》卷1中记载:甘蔗石蜜,酥乳水浆,粳粮谷米,气味力增。殃患普除,怨敌屈附;旧亲增敬,疫馑消亡。佛教将甘蔗比喻为美食,是助力解脱修行的庄严和智慧的来源,如《摩诃摩耶经》卷1云:譬如甘蔗种,内性常自甜,智者善压之,便获甘美味。《杂阿含经》卷28云:

> 善见谓正见。正见者能起正志,乃至正定。譬如甘蔗、稻、麦、蒲桃种着地中,随时溉灌,彼得地味、水味、火味、风味,彼一切味悉甜美。所以者何?以种子甜故。如是正见人,身业如所见,口业如所见,若思、若欲、若愿、若为,悉皆随顺,彼一切得可爱、可念、可意果。所以者何?善见者?谓正见。正见者,能起正志,乃至正定,是名向正者乐于法,不违于法。

正见是信仰佛教获得解脱的根本之一，有如甘蔗是甜味的来源基础，故《大方等大集经》卷9云：无甘蔗子则无种石蜜诸味；若无菩提心者，亦无种种三宝诸味。总之，甘蔗对佛教而言，是食之不弃的美味剂、充满正能量的添加剂、修行助力的增强剂、解脱智慧的催化剂，所以《佛说大般泥洹经》卷3中，佛告迦叶："我不说鱼肉以为美食，我说甘蔗粳米石蜜及诸甘果以为美食，如我称叹种种衣服为庄严具。"《佛说海意菩萨所问净印法门经》卷6也说："又如世间若无甘蔗种子，即不能生于甜味。菩萨亦复如是，若无大菩提心种子，即不能成就阿耨多罗三藐三菩提果。"把美味的甘蔗放在佛教创立者释迦牟尼的释迦族身上，既具有美好的象征，又让人增加甜蜜的美味之感觉，这是农耕社会特有的认识拟人化的反映。

佛教众多经典之所以将甘蔗凸显出来，看中的是甘蔗的甜美正气，可用来比喻为"种子甜故"之正见，这是善的来源，是践行"八正圣道"去处，释迦族改变了附于甘蔗身上的因权力而有的附加值，使之变成伦理认识基础，洗去了植物崇拜嫌疑，回归到神人崇拜轨道，提升了释迦族的神性地位。释迦族选择甘蔗作为本族祖先，并将之作为民族图腾，且其又有生殖崇拜含义，从合法性上来讲有着重要意义。

此外，在印度著名的史诗《罗摩衍那》[1]中，甘蔗被描述为一种神圣的植物，它的汁液可以治愈疾病和延年益寿。它被视为生命和生机的象征。这种观念在印度的民间传说和宗教仪式中也得到了延续。甘蔗被用于庆祝丰收和新年的传统活动。

在欧洲中世纪的文学中，甘蔗则被广泛用于描写贸易和商业活动。例如，在《坎特伯雷故事集》[2]中，甘蔗被用来衬托一个富有的商人的生活方式和地位，它被视为财富和社会地位的象征。

然而，在拉美文学中，甘蔗常常被描绘为一种象征，代表着贫穷、奴役和抵抗。例如，美国作家欧内斯特·米勒尔·海明威的小说《老人与海》[3]中，老渔夫圣地亚哥的船上有一捆甘蔗，象征着他在艰难的捕鱼旅程中的坚韧和毅力。

在古巴作家费尔南多·奥尔蒂斯的小说《烟草与蔗糖在古巴的对奏》[4]中，甘蔗则是奴隶制度的象征，代表黑人奴隶们的血汗和痛苦。

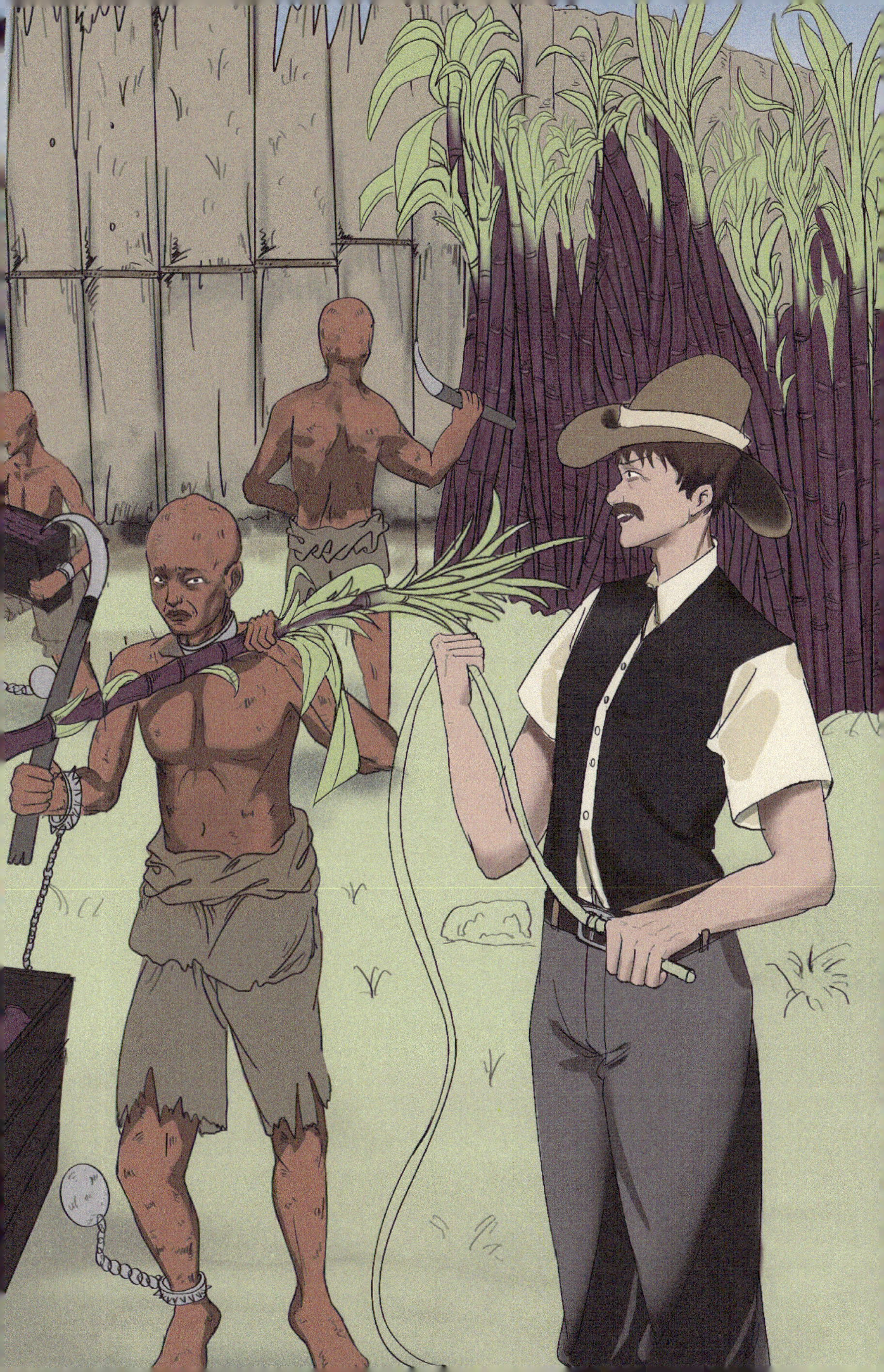

在法国作家勒克莱齐奥的小说《寻金者》[5]中，甘蔗园是殖民者对劳工进行残酷剥削和压迫的场所，展现了殖民主义的残酷现实。在甘蔗成熟的季节，种植园变得拥挤而简陋，劳工们忙碌地收割甘蔗，受到监工的严格监控和虐待。劳工们在贫苦的环境中艰难地劳作，他们的双手被磨出血，腿被绳索勒破，极度疲劳和痛苦，但他们却无法改变这残酷的现实。

与此类似，在众多外国文学作品中，甘蔗常常被用作殖民压榨的象征。这种象征意义源于历史上甘蔗种植与殖民主义之间的紧密联系。甘蔗的种植与殖民主义、外来势力和资源剥夺相联系，暗示了殖民者对拉丁美洲地区的压迫与剥削。如美国非裔作家吉恩·图默的《甘蔗》[6]以甘蔗园为背景，揭示了殖民主义对黑人奴隶的压迫与剥削。小说中描述了在奴隶制度下，黑人奴隶在甘蔗园中的艰辛劳作、被残酷对待和渴望自由的心声。通过描绘甘蔗园的生活场景和奴隶们的遭遇，小说呈现了殖民压榨的残酷现实和被压迫群体的抗争精神。

乌拉圭记者兼诗人爱德华多·加莱亚诺的作品《拉丁美洲被切开的血管》[7]也以甘蔗为象征，探讨了殖民主义对拉丁美洲地区的影响。通过甘蔗的意象，加莱亚诺展示了殖民主义对土地、资源和人民的掠夺，揭示了拉丁美洲被外来势力切割和控制的现实。这部作品通过诗意的叙述和象征的手法，呈现了对殖民压迫的抗争和对自由的追求。

这些作品的艺术表达和主题可能有所不同，但它们共同展示了甘蔗在外国文学中作为象征殖民压榨的意义。通过赋予甘蔗这一普通植物特殊的象征意义，这些作品反映了殖民主义对被压迫群体和社会的影响，引发读者对社会公正和自由的思考。

甘蔗这株摇曳在大地上的作物，如今依然影响着人们的生活。在印度文化中，甘蔗被视为一种圣物，在印度教的宗教仪式中经常被使用。在巴西和古巴等地，甘蔗饮料如著名的"Caipirinha"和"Mojito"是当地文化的一部分，代表着独特的生活方式和美食文化。

在东南亚地区，特别是泰国和越南，甘蔗也是一种重要的农作物和食材。泰国有一种著名的甘蔗汁饮料，称为"Nam Taan Sai"，它是通过榨取甘蔗汁并加入柠檬汁和冰块制成的。在越南，甘蔗经常用于制作传统甜点，如甘蔗糕点。

当人们提及西方词汇如"Sweetie""Honey""Sweetheart""Sweet dreams"等，不禁让人联想到甘蔗所带来的甜蜜和美好。

甘蔗是一种拥有甜味的植物，其甘甜的汁液在人类历史中很可能是最早发现的糖分来源之一。因此，甘蔗象征着甜蜜与幸福。这种象征意义渗透到了人们对彼此的称呼和情感表达中。

当西方人称呼他人为"Sweetie"时，意味着他们对对方的亲昵和深情厚谊。这个称呼仿佛将人们的心意融入甘蔗的甜味中，传递着对爱人、家人或朋友的关怀之情。同样地，"Honey"这个称呼也源自于甘蔗的甜蜜特质。用"Honey"来称呼另一半，是一种温柔而甜蜜的表达方式，暗示着两人之间甜美的情感纽带。"Sweetheart"这个词汇亦与甘蔗的象征意义相契合。将爱人称为"Sweetheart"，既是一种爱意表达，也是对对方甜蜜品质的称誉。而"Sweet dreams"这个祝福短语，则是用来祝愿他人拥有美好的睡梦。它将甘蔗带来的甜蜜与梦境的愉悦结合在一起，传递出一种关心和祝福的情感。

这些西方用词虽然并非直接源自甘蔗，却因为甘蔗的甜味而产生了深刻的文化联系。甘蔗的象征意义延伸至人与人之间的情感表达，使得这些称呼成为一种贴切而亲切的表达方式，流传至今，丰富了人类的交流与感情。

第三节　甘蔗与中国文学

在中国文化中，甘蔗也被赋予了深刻的文化内涵，尤其在江南地区，备受人们喜爱。从汉魏六朝时期起，甘蔗就成为王公大臣、文人雅士争

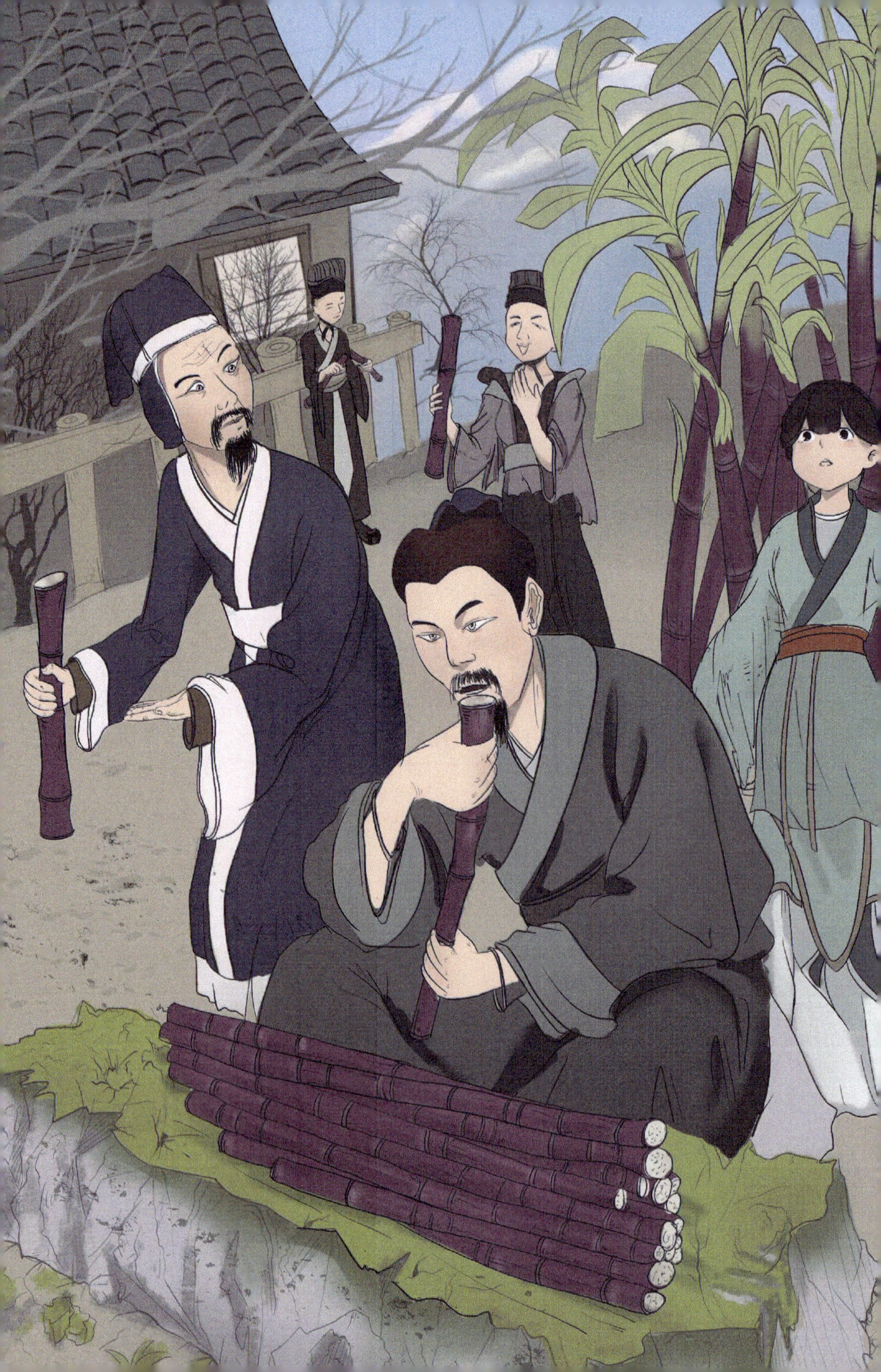

先歌咏的对象。在南北朝时期，甘蔗更是在互市贸易和外交场合中频繁出现，带动了以甘蔗为中心的商贸网络的蓬勃发展。历史上，每个时代都有其特有的饮食风尚，而甘蔗作为一种重要的食材，始终占据着重要的地位。

在《世说新语》中有一个有趣的词："蔗境"。据传记载，东晋时期著名的大画家顾恺之与桓温一起前往江陵考察，当地官员献上了当地特产甘蔗招待桓温。在众人品尝甘蔗时，顾恺之却展现了与众不同的食用习惯——他总是从甘蔗的尾部开始，一口口向着甘蔗头部啃去。这奇特的吃法引起了其他人的好奇，他们纷纷询问顾恺之："你为什么要先吃甘蔗最寡淡无味的那一端呢？"顾恺之却回答得十分简洁："渐入佳境。"他用简洁的四个字表达了自己独特的理念。对于顾恺之而言，他认为从甘蔗的尾部开始食用，可以逐渐品尝到更加美味、甜味浓郁的部分，仿佛在一步步深入美妙的境界。

甘蔗生长周期较长，粗的那头是甘蔗的根部，含糖量高，味道更加甜美。甘蔗顶梢那一头，即甘蔗尾，糖分少，不好吃。一般人习惯从根部开始吃，然后逐渐向下品尝，而靠近顶梢的部分通常被舍弃。顾恺之的特殊吃法或许是出于他作为艺术家的独特品位，也可能是他深信"自尾至本"才是最佳选择。无论原因如何，顾恺之的行为成为人们津津乐道的话题，后来更成为一个比喻，用来形容趣味逐渐浓郁或境况、环境逐渐转好的情境。顾恺之的"蔗境"在当时引起了轰动，也成为他独特个性和追求卓越的象征。

在古代文学中，对于"渐入佳境"的食蔗法有着丰富的表达。元代诗人李俊民在《游青莲》一诗中写道："渐佳如蔗尾，薄险似羊肠。"他用形象的比喻，将食蔗的体验妙趣横生地比拟为逐渐品尝蔗尾的美好，而将前行之路则比喻为羊肠般蜿蜒曲折、薄弱危险。

同时，这种独特的食蔗法还被引申为比喻人生晚景的美好。宋代词人赵必豫在《水调歌头·寿梁多竹八十》一词中写道："百岁人有几？七十世间稀。何况先生八十，蔗境美如饴。"用"蔗境"来比喻人生晚年美好甜美，如同饴糖般诱人。这里"蔗境"不仅是对食蔗的独特吃法的借喻，更成了赞美晚年生活的美妙比喻。

这些文学作品不仅反映了古人对食蔗方式的不同体验，也展示了他们对生命和人生境遇的感悟。在这些表达中，"渐入佳境"成了象征智慧和品位的重要比喻，让人对于甘蔗的食用方式有了不同的审视，也深刻感悟到生活中的种种美好与意义。

六朝时期是一个极其重视门第观念的时代。著名历史学家钱穆先生认为，正是这种门第观念维系了两晋两百余年的统一天下。即使在刘裕代晋之后，门第壁垒依然严重，社会上门阀大族的存在和影响力仍然显著。在这样的时代背景下，甘蔗成为一种备受推崇的水果，特别受到像顾恺之这样的门阀家族的喜爱。可见，甘蔗在六朝时期的地位非同寻常。甘蔗作为一种多汁的水果，因其疗渴解暑的功效，在南方地区尤其受欢迎。在《南中八郡志》中有明确记载：

> 交广有甘蔗，围数寸，长丈余，颇似竹，断而食之，甚甘，榨取汁，曝数时成怡，入口消释，彼人谓之石蜜。

与顾恺之"渐入佳境"的吃法不同，交广地区（今天两广地区大部及越南部分地区）的人们创造了"石蜜"这一特殊饮品：榨取甘蔗的汁液，然后暴晒数小时，饮之，解暑消暑。"石蜜"味道特别，属于夏日的流行饮品。这种榨汁技术的广泛应用表明人们对甘蔗进行了深加工的积极尝试。

甘蔗在渡过长江，落脚江南的中原士族中，被视为解酒良药，体现了人们对其独特功效的认可。晋代文人张协在《都蔗赋》中详细描述了甘蔗解酒的神奇之处：

> 若乃九秋良朝，玄酚初出，黄华浮筋，酣饮累日，挫斯蔗而疗渴，若啾酸而含蜜，清滋津于紫梨，流液丰于朱橘，择苏妙而不逮，何况沙棠与椰实。

酣饮之后口干舌燥，此时若食用甘蔗，其妙处无法言喻，能迅速解渴。就如同李时珍在《本草纲目·果五·甘蔗》中所记载的那样：

> 时珍曰：蔗，脾之果也。其浆甘寒，能泻火热，《素问》所谓甘温除大热之意。煎炼成糖，则甘温而助湿热，所谓积温成热也。蔗

浆消渴解酒,自古称之。故《汉书·郊祀歌》云:百末旨酒布兰生,泰尊柘浆析朝酲。唐王维《樱桃诗》云:饱食不须愁内热,大官还有蔗浆寒。是矣。而孟诜乃谓共酒食发痰者,岂不知其有解酒除热之功耶?日华子大明又谓沙糖能解酒毒,则不知既经煎炼,便能助酒为热,与生浆之性异矣。按:晁氏《客话》云:甘草遇火则热,麻油遇火则冷,甘蔗煎饴则热,水成汤则冷。此物性之异,医者可不知乎?

又《野史》云:卢绛中病疾疲瘵,忽梦白衣妇人云:食蔗可愈。及旦买蔗数挺食之,翌日疾愈。此亦助脾和中之验欤?

在李时珍的著作中,他对直接食用甘蔗和经过加工的蔗糖进行了评价和比较。他认为直接食用甘蔗有助于泻火和清热,称其为"脾之果"。相比之下,经过加工的蔗糖可能有"助湿热"的弊端,特别是对湿热体质的人不宜过量食用。张协认为,甘蔗的美味和愉悦感超越了南方两种重要水果——梨和橘,其清滋润的特性胜过紫梨和朱橘。在冠冕大族的宴会中,甘蔗成为必备食物,没有酒就不能成席,没有甘蔗就难以解酒。这一现象极大地推动了甘蔗在中国南方的广泛种植和使用。

在古代,甘蔗不仅因其食用功效而备受欢迎,而且在公元 5 世纪的宋魏对峙时期,在南北双方争夺的徐州地区,甘蔗还成了重要的外交交流物品。《宋书》中有记载:

> 魏主既至,登城南亚父冢,于戏马台立毡屋。先是,队主蒯应见执,其日晡时,遣送应至小市门,致意求甘蔗及酒。孝武遣送酒二器,甘蔗百挺。求骆驼。明日,魏主又自上戏马台,复遣使至小市门,求与孝武相见,遣送骆驼,并致杂物,使于南门受之。

北魏明确要求刘宋王朝提供江南名产——甘蔗及酒,这在今天或许会让人感到意外。毕竟,如今甘蔗被广泛种植,价格相对低廉,很难登上大雅之堂。然而,在当时,甘蔗却是北方人心心向往的珍贵物品。南北朝时期,虽然两地隔江对峙,但彼此之间仍有外交活动、亲友探亲、商贸往来、移民迁移等多种交流。通过这些渠道,南方人吃甘蔗的多样方式和甘蔗的丰富风味给北方人留下了深刻的印象,也引起了北方人对甘蔗的兴趣和好奇。

北魏明确要求刘宋王朝提供"酒二器，甘蔗百挺"，而刘宋王朝也确实满足了这一要求，提供了大量的甘蔗。双方礼尚往来，外交活动因此顺势展开。历史资料并未明确说明文中提到的"甘蔗百挺"是否产于徐州。如果是当地产出，那意味着徐州在那个时代的气候可能比现今更温暖，足以支持甘蔗的种植。如果不是当地产出，那就说明当时有活络的商贸网络将甘蔗从其他地方运到两国边境，使得刘宋王朝在外交场合中不会感到捉襟见肘。无论哪种情况，甘蔗的交流和流通无疑推动了南北朝时期外交的发展，促进了两国之间的交流和合作。

甘蔗在南北朝时期成为两地互通的重要商品。当南朝使者来到北朝的政治和文化重心洛阳时，北方人也用这种水果来招待南方贵宾。《齐书》中有记载：

> 范云永明十年使魏，魏人李彪宣命，至云所，甚见称美。彪为设甘蔗、黄粽，随尽复益。彪谓曰："范散骑小俭之，一尽不可复得。"

在永明十年（492），齐国使者范云前往北魏，北方的官员李彪特意准备了甘蔗和黄粽款待范云。这样的礼遇引发了人们的好奇和思考。洛阳作为黄河流域的重要城市，一般不可能产出甘蔗，也不会以糯米为主食。因此，李彪的慷慨款待背后可能有着强大的商贸网络支持。

除了在外交场合中发挥作用，甘蔗也因其独特的生长特点备受文人青睐。甘蔗像竹子一样节节向上生长，但它并非像竹子那样坚韧。稍稍用力，就能将甘蔗折断，这种特性引起了人们的关注。甘蔗在形态上与竹子类似，但又有着截然不同的性质，这让人们对它特别留意，并借以比喻其他事物。诗人曹植在《矫志诗》中以甘蔗为启发，写道："都蔗虽甘，杖之必折，巧言虽美，用之必灭。"这句诗意味着尽管甘蔗的味道美好，但若把它当作拐杖使用，必然会折断；同样，虽然巧言动听，但若过度使用，必将导致灭亡。甘蔗的美味无法保持其坚韧性，而巧言的美丽也无法成为长久的力量。这警示统治者，不应让小人的巧言令色成为宰辅之人，同时也提醒人们不可自视过高，否则也易于被折断。

在唐代，伟大的诗人杜甫流寓甘肃天水时创作了一组诗歌，其中有一句是"清江空旧鱼，春雨馀甘蔗"。宋代苏轼也专门写了一首《甘蔗》："笑人煮积何时熟，生啖青青竹一排。"

除了杜甫和白居易，许多其他诗人也在他们的作品中提及过甘蔗。宋朝诗人朱翌曾抒发："土瓜甘蔗窖深藏，青李来禽子在囊。胜日园林吾有分，暮年歌酒尔无忘。"而明末清初的诗人王夫之也创作了一组关于甘蔗的诗歌，其中有一首是"不是好山看不得，西湖游只许白苏。出缁人素人惊犬，洗髓伐毛我丧吾。"这些诗人以甘蔗为题材，让甘蔗成为他们诗意世界中的一个富有意象和情感的元素。

"甘，美也。从口含一，一，道也。凡甘之属皆从甘美也。"甘蔗口味甜美可口，且因顾恺之的"渐入佳境"，且其形状似竹一般节节而生，故予甘蔗浓郁的文化内涵，象征着蒸蒸日上和甜美幸福。

西汉的刘向在《杖铭》中也借甘蔗的脆弱性来引出重点："都蔗虽甘，殆不可杖。佞人悦己，亦不可相。"甘蔗的味道虽好，但不能作为供人远行的拐杖。小人阿谀奉承，巧言令色，也不能成为真正的贤才之辅。

食用甘蔗时，我们必须先咀嚼它，再吐出渣滓，开始时甜美可口，但在甜味后更容易感受到苦味。明代的学者洪应明在《菜根谭》中引用甘蔗这个例子来阐述一个道理：

> 趋炎虽暖，暖后更觉寒威；食蔗能甘，甘余便生苦趣。何似养志于清修而炎凉不涉，栖心于淡泊而甘苦俱忘，其自得为更多也。

暖冷相生，甘苦相伴，大起大落的人生跌宕起伏，晃动于两极之间，既然这样，何不修身养性，将自己置入"炎凉不涉，川甘苦俱忘"的境地呢？甘蔗虽美好，但甘蔗渣则往往代表美好事物的消逝，令人叹息。但无论是美好的寓意还是警醒的作用，甘蔗不仅仅给人味觉享受，还有深厚的"蔗文化"，丰富了古人的精神生活，为古代多彩的文坛添了可歌咏的一笔。

中国文化拥有悠久的咏物传统，而甘蔗在其中占据着重要地位。人们从不同角度对甘蔗进行解读，这表明对它的认识已经相当成熟。然而，要让甘蔗的"一体两面"得到如此活灵活现的描述，离不开便利的物流网络和广泛的食用群众基础的支持。

虽然关于中国甘蔗种植的起源时间和来源尚无确切的论断，但《江表传》中所记载的历史资料揭示了甘蔗的显赫背景。这种甘蔗曾作为贡品，被交州进贡给东吴王朝。

> 孙亮使黄门以银碗并盖，就中藏吏取交州所献甘蔗饧，黄门先恨藏吏，乃以鼠矢投饧中，启言藏吏不谨。亮呼吏持饧器入，问曰："此器既盖之，且有掩覆，无缘有此，黄门将有恨于汝邪？"吏叩头曰："彼尝从臣贷宫席不与。"亮曰："必为此也，亦易知耳。"乃令破鼠矢，内燥，亮笑曰："若先在蜜中，当内外俱湿；今内燥者，乃枉之耳。"于是黄门服罪。

东吴的疆域涵盖东至海岸，南至交州广阔地区，西至荆巴地带，北临江淮流域，各地的奇珍异玩通过朝贡网络在这里聚集一堂。

甘蔗饧是经过精心熬制、加工而成的糖品。交州将这种甜蜜纯净的糖品献给东吴王朝，表达了对国君的敬意和友好。孙亮品尝的这种甘蔗饧，甜度高且质地纯净，根本无须吐渣，令他陶醉其中，是一种美妙的享受。这种来自异域的美食通过朝贡体系传到东吴国都，成为国君钟爱的珍品，对甘蔗的推广起到了重要作用。东吴全境对这种甘蔗饧的追捧，可见它在当时的受欢迎程度。上喜好之物，下必然跟随热切追求。

不只在东吴国都，南齐也曾记载过关于甘蔗的小趣事。《南史·齐高帝诸子传下·宜都王铿传》中载：

> 铿善射，常以埘的太阔，曰：'终日射侯，何难之有。'乃取甘蔗插地，百步射之，十发十中。

萧铿是南朝齐开国皇帝萧道成的第十六子，获封宜都郡王。萧铿的射箭技术很精湛，经常嫌弃箭靶太宽，还说自己整天射箭，这有啥难的。于是在地上插了一根甘蔗，在百步之外挽弓搭箭，结果十发十中。

在曹魏王宫，甘蔗也被广泛应用。曹丕在《典论》中有所记载：

> （曹丕）常与平虏将军刘勋、奋威将军邓展等共饮，宿闻展有手臂，晓五兵，余与论剑良久，谓余言，将军法非也，求与余对，

酒酣耳热，方食干蔗，便以为杖，下殿数交，三中其臂，左右大笑。

到了清末，中国深受鸦片之害。当时，在福建和广东之间存在一种特殊的烟斗——甘蔗枪，被年轻人尤其看重。这种"枪"表面涂有漆，有精美的装饰。对于产于广东的烟斗来说，洋磁制作的最为上乘；而在内地，宜兴陶瓷的烟斗被认为是最好的选择。人们担心烟斗经常被加热会导致易碎，因此用银锡包裹烟斗口部，再用发蓝点缀翠绿的装饰……每个人都追求极致的工艺。为了避免烟斗的吸气孔堵塞，制作者还在内部通道插入铁条，使其形状多样，有的像矛、有的像戟、有的像锥、有的像刀。这样的设计使甘蔗枪既具有实用性，又富有艺术感。清朝的黄逢昶在《台湾竹枝词·其二十五》中写道："烟飞漠漠绕千家，珠玉辉增蔗管华。异客不知何物好，隔村远听卖风车。""风车"就是鸦片烟枪。台湾多甘蔗，以蔗管嵌金饰玉为鸦片烟枪，上者一根值数金。比他稍早一点的侯官县（今福州市区）人刘家谋曾经写诗讽刺说，"灵根转眼化枯荄，毒火销磨百事乖。学得顾长康食蔗，漫云渐入境能佳。"

除了在文学作品中，甘蔗在绘画和雕刻艺术中也占有重要地位。在中国传统绘画中，甘蔗常常被用来作为装饰性的元素，如明代画家唐寅的《甘蔗图》就是一幅以甘蔗为主题的绘画作品。在雕刻艺术中，甘蔗也是一种常见的题材，中国传统雕刻技艺中的"甘蔗纹"就是以甘蔗为主题的一种装饰性图案。

第四节　甘蔗元素：当代文化的媒介与象征

"蔗文化"不仅在古代，而且通过一代代的传承，在现代的文化生活中依然扮演着重要角色。

在广东话中,有一句俗语叫作"掂过碌蔗",源自甘蔗的特殊地位。这俗语的意思是比甘蔗还要直,用来形容事情的进展非常顺利。"掂"是直的意思,"碌"是一条的意思。在过年前夕,广东的一些鲜花市集或街口花档上经常可以看到高高竖立的甘蔗。人们将甘蔗买回家后,摆放在大厅中,寓意来年"由头甜到尾",祈求一切顺利如意,充满对甜蜜和好运的期望。这个习俗体现了甘蔗在广东文化中的独特地位,代表着广东人民对美好生活的向往和追求。

在网络上,"甘蔗"还被拿来"玩梗"。"甘蔗男",这个词实际上是指"渣男",是采用了一种生动形象的表达方式,形容感情在开始时非常甜蜜,但最后只剩下渣滓。这个比喻将男性的行为与吃甘蔗的过程联系起来。这样的男人在追求你的时候会使用各种手段和伎俩哄你开心,以甜言蜜语和温暖的行动让你无法抗拒,然后俘获了你的芳心,你认为他是一个非常可靠和值得托付终身的"暖男"。然而,一旦他对你失去兴趣,他的"渣男"本质就暴露了,让你感到失望和无法忍受,就像吃完甘蔗后只留下渣滓一样。

甘蔗也被用作创作音乐的素材。著名歌手 Leo 王在第 30 届金曲奖上获得最佳普通话男歌手奖,他甚至创作了一首名为《快乐的甘蔗人》的闽南歌曲。这首歌回忆了他小时候与妈妈一起啃甘蔗的美好回忆,表达了对家庭、童年时光和简单幸福的怀念和珍视。在这首歌的音乐视频中,Leo 王通过甘蔗这个象征物,道述对母亲的思念与致敬。

在潮汕地区,甘蔗不仅仅是食材或象征物,还是一种受欢迎的游戏项目。在旧时潮汕地区,民间流传着有关甘蔗的两种游戏。一是"测蔗"。首先,主持人会选择一段甘蔗,并在上面随意画记号把甘蔗分成两部分,但不砍断。然后,参加者使用绳子或者稻草的长度来代表甘蔗两部分之间的长度差距。最后,主持人会将甘蔗砍断并比较差距的大小,最接近的参与者获胜。二是"斩蔗"。主持人会在甘蔗上做一个记号,然后参与者需要原地旋转 360 度后立即砍断甘蔗。如果砍在记号上,那么就算胜利,如果都砍在记号上面,则比较参与者砍蔗速度的快慢。这两种游戏通常在甘蔗丰收的季节或重要节日如新年期间进行,为人们平淡的生活增添了乐趣,拉近了村民之间的情感。

在中秋节,潮汕地区有祭拜"月娘"的传统。当晚,每个家庭都会在阳台或门口摆放供品,其中许多家庭的供品中都有甘蔗。用甘蔗作为供品,寄托了潮汕人对美好生活的期望,希望甜蜜的日子越来越多。而在冬至这一天,旧时的潮汕人几乎每个人都会吃甘蔗,据说是因为甘蔗可以保护牙齿,而在冬至这一天食用甘蔗,可以预防牙齿问题。

此外,潮汕地区的春节期间,大年初二或初三被公认为是回娘家的日子,也被称为"女婿日"。在这一天,女儿会带着丈夫和孩子回到娘家探亲。回娘家的必备礼品之一就是甘蔗,还有一些饼干类食品。娘家收到礼品后,会与邻居或亲朋好友分享一部分,表达了希望大家的生活越来越甜蜜的祝福。而在大年初一,娘家会派兄弟送你到婆家,除了一些吉祥物品外,还会带上甘蔗,寓意节节高升。婆家收到礼品后,也会与邻居或亲朋好友分享一部分。

潮汕还有民谚:"立冬食蔗齿卖痛"。说的是立冬时节,乌腊蔗大量上市,潮汕人借着甘蔗滋补清热,生津解腻的功效,在立冬吃蔗进补。同时,甘蔗渣在口腔内被反复咀嚼,能带走残留的食物残渣,从而保持了牙齿清洁健康。因甘蔗在潮汕美食文化中有特殊意义,"立冬食蔗"颇被古往今来的潮汕人所遵循。

这些传统和习俗凸显了甘蔗在潮汕文化中的特殊地位。甘蔗不仅是一种食物和象征物,还是人们团聚、庆祝和传递祝福的媒介。甘蔗作为一种具有多重意义的文化符号,丰富了潮汕人民的生活。

此外,甘蔗与糖艺作品也有紧密的联系。甘蔗是一种含有丰富糖分的植物,而糖蔗提取的蔗糖是制作糖艺作品的主要原料之一。

糖画是中国民俗文化中的重要组成部分。据文献记载,糖画起源于明朝四川,之后传播到各地,在清初时期达到了鼎盛时期。糖画的发展不仅与当时社会历史条件密不可分,更得益于广大人民的智慧和创意。

糖画,顾名思义,是用糖制作的绘画作品。通过对糖的加热和塑形,艺术家可以创造出形态瑰丽的糖画。在《本草纲目》中记载着将白砂糖煎化，模印成人物、狮象等形状的飨糖。这说明尽管其原材料简单，但制成的图案却形态多样，造型精妙。糖画具有可食用和可观赏的双重特点，是我国历史悠久、神奇的民间艺术。

蔗糖具有良好的可塑性和稳定性，让艺术家能够将甘蔗糖变幻成各种复杂的形状和图案。甘蔗的甜味与糖蔗提供的蔗糖，成为糖艺作品被赋予甜美与美好寓意的重要影响因素。这些糖艺作品常常在庆典、婚礼、节日等重要场合展示。它们不仅是美味的食品，更是表达美好祝愿和幸福的艺术品。

通过将甘蔗的甜蜜与糖艺的创作相结合，糖艺作品向人们传递着甜蜜、喜庆和幸福的意蕴，成为人们庆祝和庆贺的重要组成部分之一。这也展现了甘蔗在美食艺术和文化传承中的重要地位。糖画和甘蔗共同诉说着人们对甜蜜生活的追求。这种融合了甘蔗的糖艺传统，为中国民俗文化增添了独特的色彩和魅力。

甘蔗在现代扮演的角色不仅仅是传统的延续，也体现了社会和文化的变革。传统与创新的交融使甘蔗成为一个丰富多样的符号，在不同层面上传递着人们对美好生活、团聚和幸福的追求。无论是在传统的庆典活动中还是在现代的文化表达中，甘蔗都扮演着一个重要的角色，丰富着人们的生活，传承着文化的价值。

本章作者：张滢滢　张积森

本章参考文献

[1]〔印度〕蚁垤. 罗摩衍那[M]. 季羡林译. 北京：人民文学出版社，1994.

[2]〔英〕杰弗雷·乔叟. 坎特伯雷故事集[M]. 黄杲炘译. 南京：译林出版社，1999.

[3]〔美〕海明威. 老人与海[M]. 张炽恒译. 沈阳：春风文艺出版社，2017.
[4]Ortiz F. Contrapunteo cubano del tabaco y el azúcar[M]. Madrid：Ediciones Cátedra，1987.
[5]〔法〕勒克莱齐奥. 寻金者[M]. 王菲菲，许钧译. 北京：人民文学出版社，2013.
[6]Jean Toomer. Cane[M]. New York：Boni and Liveright，1923
[7]〔乌拉圭〕爱德华多·加莱亚诺. 拉丁美洲被切开的血管[M]. 王玫等译. 北京：人民文学出版社，2001.

用时6s

第六章
糖和人类健康

　　本章探讨了糖与人体健康的关系，揭示糖与代糖的本来面目。糖是人的直接能量来源，对人体来说必不可少，但过量摄入糖会给人体带来损害，因此，我们要科学、合理的摄入糖分。代糖的出现满足了人们对甜味的追求，同时减少了人体对糖的摄入。但关于"代糖"对人体健康是否有害的争议不断，因此我们需要关注最新的科研及评估结果。

第一节　糖是人体主要的供能物质

糖在中国传统文化中被视为喜庆、吉祥和美好的象征，与庆祝、祭祀、待客等文化密切相关。那么，为什么人们对糖情有独钟呢？

首先，糖除了其味道使人愉悦之外，它还是人体的三大能源物质（糖类、脂肪和蛋白质）之一。其中，糖类是人体的直接能量来源。糖是简单碳水化合物，由碳、氢、氧三种元素组成，是一种易于分解和消化的能量来源，能够为人体提供即时的能量。糖分子中的碳氢键储存了大量的化学能，使糖具有较高的能量密度。每克糖分子可以提供约 4 千卡[①]的能量，相对于同等质量的脂肪和蛋白质而言，糖的能量产量较高。糖在氧化时所需要的氧气少于脂肪和蛋白质，人体也更容易和更快速地将糖分解为葡萄糖，并通过血液将其输送到细胞中。这使糖成为人体最经济的能源，并迅速提供能量，满足人体高强度活动或紧急需求时的能量要求。

其次，糖可分为三类：单糖、双糖和多糖。其中，单糖包括葡萄糖、果糖和半乳糖，双糖包括蔗糖和乳糖，多糖包括淀粉和纤维素等。葡萄糖是大脑主要的能源来源，大脑对能量的需求量约占人体总能量消耗的 20%。糖的摄入可以满足大脑的能量需求，从而维持其正常的功能运作。同样，肌肉在运动过程中也需要能量来进行收缩和运动，糖则提供了肌肉所需的能量，支持其运动和活动。此外，糖分解产生的能量还有助于维持人体的体温稳定。在寒冷环境下，人体需要消耗更多的能量以保持温暖。

[①] 1 卡=4.18 焦耳。

第二节　过量摄入糖的危害

在格林童话《汉塞尔与格莱特》中，一个邪恶的女巫建造了一个用糖果和甜食搭建的房子，用来吸引孩子们上钩。英国作家约翰·米尔顿的诗作《失乐园》中，有一座名为糖果山的山峰，被形容为甜美诱人的地方，但实际上是恶魔的领地。类似地，糖类虽然是人类生命活动不可或缺的重要供能物质，但过度摄入糖类也可能导致一系列健康问题[1]。

过量摄入糖类可能会带来一些健康问题和潜在危害。

肥胖：过量摄入糖类是导致肥胖的主要因素之一。高糖饮食会提供大量的能量，当摄入的能量超过身体需要时，多余的能量会被储存为脂肪，导致体重增加和肥胖。

糖尿病：长期高糖饮食和肥胖与2型糖尿病的发病风险增加相关。高糖饮食使得胰岛素的分泌频繁，长期下来可能导致胰岛素抵抗，使血糖水平升高，最终导致患上糖尿病。

心血管疾病：过量摄入糖类会增加患心血管疾病的风险。高糖饮食会导致体重增加、血脂异常、高血压和炎症反应的增加，这些都是心血管疾病的风险因素。

牙齿问题：摄入过多的糖类容易导致蛀牙。口腔中的细菌可以利用糖分解产生酸，破坏牙齿的牙釉质，进而导致蛀牙。

营养失衡：过多的糖摄入可能导致饮食中其他重要营养素的摄入不足，如蛋白质、纤维、维生素和矿物质。这可能导致营养失衡和其他健康问题。

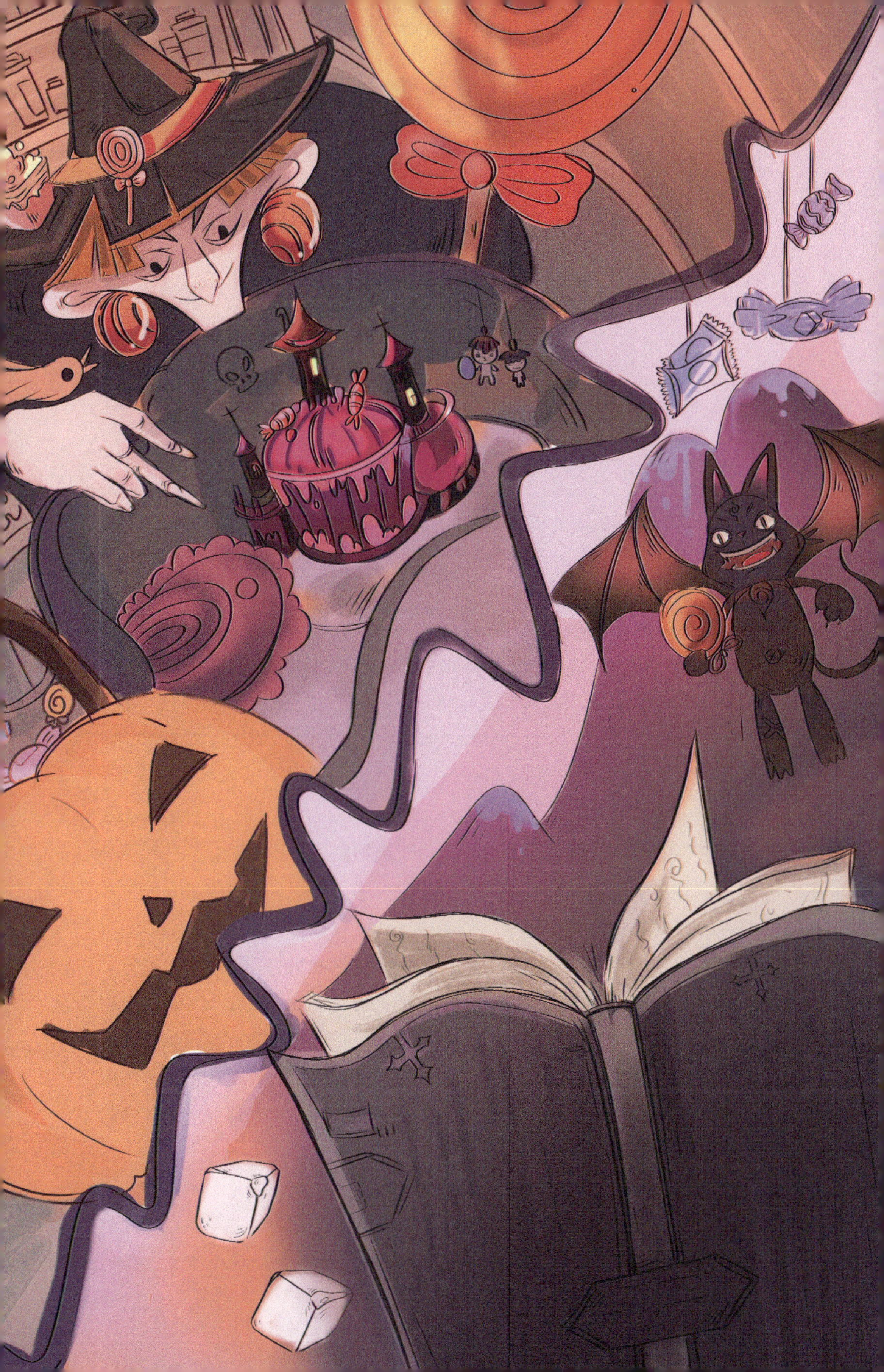

第三节　如何科学地摄入糖

糖是人体所需的重要营养素之一，但过量摄入糖会导致多种健康问题。为了确保摄入适量的糖分，我们需要了解如何科学地摄入糖以满足身体的需求。

我们应该选择健康的糖类食品，天然糖分通常在加工过程中失去了一些与之相关的营养物质，同时可能对人体健康产生不利影响。因此，在摄入糖分时，优先选择天然糖分更有益于健康。非天然糖分指的是添加在食品中的经过加工或合成的糖类物质，这些糖类物质通常与天然糖分在化学结构和营养特性上存在差异。常见的非天然糖分主要分为四大类：加工糖、高果糖玉米糖浆（High Fructose Corn Syrup，HFCS）、人工甜味剂及高度精炼糖。加工糖包括葡萄糖浆、果糖浆等。这些糖分是从糖蔗或其他植物提取后经过加工处理而成的。高果糖玉米糖浆是一种经过加工制得的糖浆，常用于饮料、糕点和其他加工食品中。它由玉米中提取的葡萄糖转化而来，含有较高比例的果糖。人工甜味剂用于替代糖分，常见的人工甜味剂有阿斯巴甜（aspartame）、糖精（saccharin）、糖醇（sugar alcohols）等。它们通常具有甜味但提供的热量较低。高度精炼糖主要指的是精制白糖、粉糖等，这些糖分从糖蔗或甜菜中提取出来后，经过多道加工工序，去除了大部分与之伴随的营养物质。

近年来，升糖指数（Glycemic Index，GI）作为一种新的标准[2, 3]，被广泛用来衡量食物对人体血糖的影响。GI 反映了食物中的碳水化合物相对于葡萄糖而言，引起血糖升高的能力和速度。在这个指标下，食物被划分为高升糖指数（高 GI）和低升糖指数（低 GI）两类，以馒头、米饭和面包等为例，它们属于高 GI 食物，会导致血糖迅速升高；相反，蔬菜、水果和一些豆制品等属于低 GI 食物，对血糖的影响较小。因此，低 GI 食物对健康更有益。通过选择低 GI 食物，可以帮助稳定血糖水平、减缓血糖上升速度，有助于控制血糖、血脂和体重。此外，低 GI 食物还能提供更持久的饱腹感，预防慢性疾病，如 2 型糖尿病、心血管疾病和肥胖等。然而，需要注意的是，GI 并非衡量食物的唯一标准，还需综合考虑其他因素，如食物的整体营养成分和纤维含量等。每个人的体质和代谢特点也可能对 GI 的反应有所差异。因此，在食物选择上，了解 GI 的概念，并结合其他营养指标，选择低 GI 食物是一种科学的方法，有助于维持血糖稳定和促进整体健康。

根据碳水化合物对血糖的影响可划分为高 GI 食物（GI≥70）、中 GI 食物（55≤GI≤70）及低 GI 食物（GI<55），下表反映了日常生活中常见的食物 GI（表 6-1）。

表 6-1 生活中常见食物的 GI

糖类	GI	蔬菜类	GI	谷类及制品	GI	豆类及制品	GI	水果类及制品	GI	乳及乳制品	GI
葡萄糖	100	甜菜	64	小麦	41	黄豆	18	苹果	36	牛奶	24
蔗糖	65	南瓜	75	面条	27	黄豆挂面	67	桃	28	脱脂牛奶	32
乳糖	46	山药	51	馒头	85	豆腐	22	杏干	31	全脂牛奶	27
蜂蜜	73	芋头	48	烙饼	80	绿豆	27	李子	24	降糖牛奶	26
巧克力	49	芦笋	15	稻麸	19	蚕豆	17	葡萄	43	酸奶酪	36
绵白糖	84	菜花	15	大米粥	69	扁豆	26	柑	43	冰淇淋	51
果糖	23	黄瓜	15	速食米饭	87	鹰嘴豆	33	巴婆果	58	豆奶	34
麦芽糖	105	鲜青豆	15	黑米饭	55	青刀豆	45	芒果	55	酸乳酪	33
胶质软糖	80	生菜	15	糯米饭	87	四季豆	27	香蕉	52	低脂奶粉	11.9
方糖	65	胡萝卜	71	黏米饭	88	利马豆	31	西瓜	72	全脂奶粉	47.6

第四节 糖的消费

当谈到食糖时,我们通常指的是白糖、红糖和冰糖这三种常见的类型。

2022~2023 年,全球糖消费量约为 1.76 亿吨(图 6-1),预计到 2023~2024 年将增加到约 1.805 亿吨。随着世界贸易的增长,农业技术的进步,以及其他原因,现在的糖比历史上的任何时期都更便宜,更容易获得。

有两种主要作物用于生产食糖,甘蔗和甜菜。虽然它们是两种不同的植物,但无论使用哪种植物来制造糖,最终产品都是相同的。2021 年,巴西是全球最大的甘蔗生产国,而俄罗斯是全球最大的甜菜生产国。

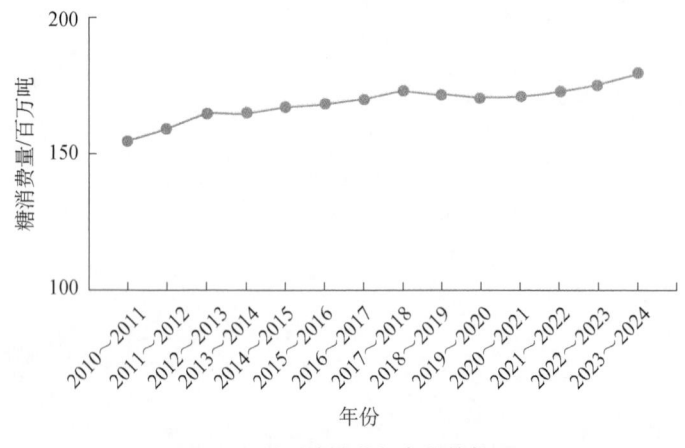

图 6-1 世界糖消费年变化趋势图

2022~2023 年，全球糖产量约为 1.77 亿吨，高于 2015~2016 年的 1.647 亿吨。印度是食糖消费量最大的国家，其次是欧盟和中国。2026~2031 年，全球食糖价格预计将从每吨 680 美元左右上涨至每吨 720 美元左右。这一涨幅仍将低于 2022 年的食糖成本。这意味着对人们来说，糖在未来可能更容易获得和负担得起，这可能导致与过量糖消费相关的进一步的全球健康问题。

自 2019 年开始，新冠病毒彻底改变了我们的生计和全球经济，这会对全球糖需求产生影响吗？答案是显而易见的。

首先，餐馆、咖啡馆和酒吧等场所的关闭或减少营业时间导致了对糖类产品的需求下降。许多人开始在家烹饪，减少了在外就餐的频率，从而降低了对糖类食品的消费量。这对于食糖和相关产品的制造商和供应链带来了挑战。

其次，新冠疫情引发的健康意识增加，对糖摄入的关注度也提高。研究表明，高糖摄入与肥胖和慢性疾病的风险增加相关。在疫情期间，人们更加注重健康饮食和免疫力的提升，因此他们可能减少了对含糖饮料、糖果和甜点等高糖食品的购买和消费。这对于糖类消费产生了消极影响。

同时，疫情对糖类供应链也带来了挑战。旅行限制和国际贸易中断导致了一些国际糖类进口的减少，对糖类市场造成了压力。此外，农业部门也面临着劳动力不足和供应链中断等问题，这可能导致糖类作物的生产和采购困难。

然而，需要指出的是，疫情对糖类消费的影响也有积极方面。在疫情期间，一些人可能通过增加烘焙和糕点制作等家庭活动来缓解压力和消遣时光。这可能导致对糖类原料和食谱的需求增加，从而部分抵消了其他消费减少。

2021 年，新冠疫情仍在影响人们。与此同时，全球食糖价格开始自 2018 年的 10 年低点反弹。2023 年 2 月，食糖价格达到每磅 15 美分。然而，新冠疫情暴发后，原糖价格急剧下跌至每磅 10 美分，成为 2018 年以来的最低点。此外，石油需求的崩溃也导致石油价格降至每桶 20 美元以下。

在这样的背景下，由于巴西货币交易处于创纪录低点，巴西有望重新成为全球最大的食糖生产国。这使得巴西生产商能够更好地应对糖的价格损失，并增加了该国许多糖厂的利润。此外，巴西甘蔗种植初期乙醇价格下跌，使得糖在甘蔗中的比重达到了46%。

受新冠疫情影响，美国的糖消费量下降了2.5%。这两年的消费减少将降低对全球市场的需求。然而，由于食品工业仍然是一个至关重要的行业，糖的生产基本上不会受到太大影响。

食糖在国家的经济和民生中扮演着至关重要的角色，也是食品加工行业不可或缺的原料之一。中国是一个糖业大国和消费大国，目前的食糖消费以工业消费为主，居民消费为辅。食品工业的需求约占总消费量的70%。据统计，中国的食糖年产量约为1000万吨，而消费量约为1500万吨（据中国糖业协会统计数据）。中国的糖业发展战略主张以国产糖的供应为主，进口糖为补充。

近年来，我国食糖供应平衡分析变得更加复杂。食糖的产量受到气候等因素的影响较大，过去市场更加关注主产区的生产情况。

作为一个拥有14亿人口的巨大市场，中国的食糖消费量已经达到了1500万~1600万吨的水平。尽管人均消费量相对较少，约为世界平均水平一半，但由于庞大的人口基数，随着国内经济水平的提高，尤其是农村地区的人均食糖消费不断增加，中国的食糖总消费量基本上保持着正增长的态势。工业消费主要指食品加工过程中使用的糖，约占总消费量的54%，而居民直接消费约占46%。

不同类型的含糖食品在消费上呈现不同的季节特征，这也导致对糖的需求量具有季节性变化。春节前后的消费市场呈现完全不同的状态。2023年春节假期，国内文化旅游市场异常火爆，但受新冠疫情的影响，食品厂订单下降明显。春节后，食糖消费量没有如传统淡季那样下降，一些贸易商逐步建立了库存，导致现货采购量增加。因此，糖价持续攀升，观望情绪变得更加浓厚。

受益于新冠疫情期间居民健康意识的提高及线上销售渠道的扩张，

我国乳制品的生产和销售已经基本恢复到疫情前的水平。预计我国乳制品的产量将继续增长，从而增加对食糖的需求量。

从过去的几年来看，南方甘蔗糖主要销往广东、福建、上海、江苏、浙江、山东等沿海地区以及河南、河北、湖南、湖北等内陆地区，其中云南糖主要销售市场是四川、甘肃、陕西、重庆、贵州、湖南等邻近省份；广东糖主要在本省内及周边地区销售。而北方甜菜糖方面，新疆糖主要销往陕西、甘肃、青海、四川、河南等省份；内蒙古糖主要销往东北三省、山西、陕西、河北、河南一带。各类国产糖的销售市场仅在一小部分区域有重叠，在大部分区域内各自相对垄断。销售主要区域的错开，有利于整体销售的稳定。久而久之，各地区的消费者也形成了不同的用糖习惯与喜好。

广西以绝对的产量优势成为我国成品糖的第一大生产省份。全国成品糖的产量区域分布主要与糖料作物的种植区域密切相关。截至2022年12月，全国前十省市的成品糖产量排名依次是广西、云南、山东、广东、内蒙古、河北、新疆、福建、江苏、黑龙江。在这些省/区中，广西排名第一，其2022年的成品糖产量达到了735.74万吨，位居全国榜首。值得一提的是，2022年成品糖产量超过100万吨的省/区有四个，分别是广西、云南、山东和广东。

第五节　糖与代糖

代糖的使用背景与人类对甜味的追求和食品工业的发展密切相关。随着人类口味的多样化和食品工业的兴起，糖的需求量大幅增加。

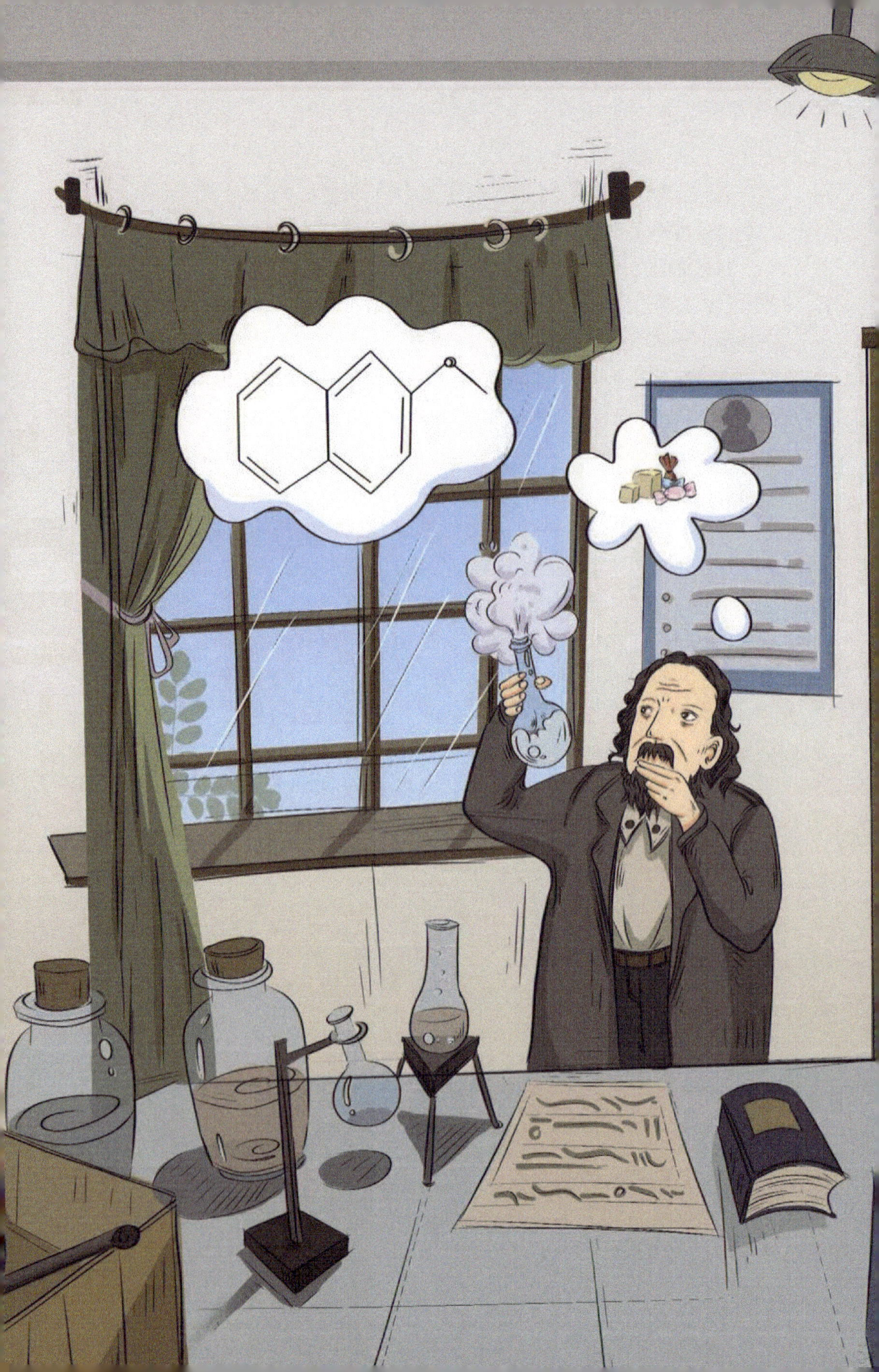

代糖的出现是为了人类满足甜味的需求而不增加食品中的卡路里含量。随着时间的推移，人们逐渐认识到高糖饮食可能导致健康问题，如肥胖、糖尿病和龋齿等。因此，食品工业开始寻求低热量或无热量的替代品来替代蔗糖，以减少糖的摄入对人体健康的影响。食品工业不断追求新产品和创新。代糖的出现允许食品生产商开发更多种类的食品和饮料，满足不同消费者的需求。

代糖（或称人工甜味剂）是指用于代替蔗糖（自然甜味剂）的化学物质。代糖的使用始于19世纪，但直到20世纪后期才在食品工业中得到广泛应用。第一个真正意义上的代糖是萘甲醚（Saccharin），由美国化学家康斯坦丁·福尔斯特（Constantin Fahlberg）于1879年在约翰·霍普金斯大学偶然合成。这个意外的发现为代糖的发展奠定了基础。后来福尔斯特将其带回到德国继续研究，并将其商业化，成为世界上第一种商用代糖。萘甲醚后来被广泛应用于食品和饮料中。随着时代的发展，其他代糖也相继被发现和开发出来，如赤藓糖、阿斯巴甜等（图6-2）。这些化合物被用于制造低热量或无热量的食品和饮料，以满足人们对甜食的需求，但又不会引起过量摄入蔗糖所带来的糖尿病等健康问题。

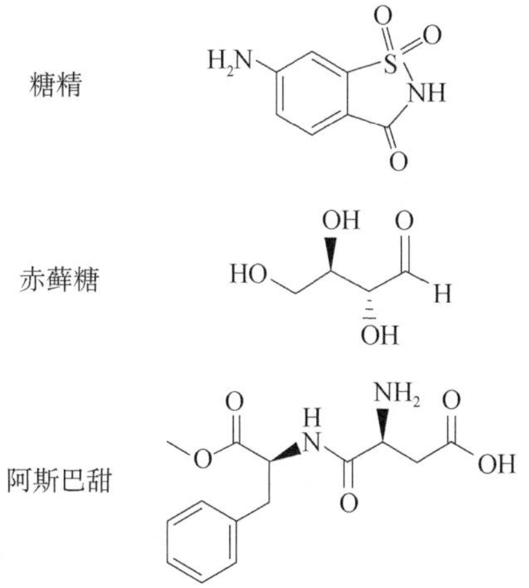

图6-2 常见代糖的分子结构

然而，有关代糖的健康问题的争议也一直未曾中断。阿斯巴甜（Aspartame）是一种人工合成的高甜度代糖，是目前市场上最常见和被广泛使用的人工甜味剂之一。它的甜度大约是蔗糖的 200 倍，但却几乎不含热量，因此被广泛应用于无糖和低糖产品中。

阿斯巴甜由天冬氨酸（Aspartic acid）和苯丙氨酸（Phenylalanine）的甲酯化合物合成。这两种氨基酸在天然界中也可以找到，它们是构成蛋白质的基本组成部分。但在阿斯巴甜中，它们通过特殊的化学反应结合在一起，形成了一种甜味化合物。

阿斯巴甜的特点是它在体内代谢时不会被转化为蔗糖或其他糖类，因此几乎不提供能量。这使得它成为许多人追求低卡路里饮食的选择。阿斯巴甜在口中迅速溶解，给食物和饮料提供了明显的甜味，而不会留下任何残留的苦味或其他异味。

然而，由于阿斯巴甜中含有苯丙氨酸，对于患有苯丙酮尿症（Phenylketonuria，PKU）的人来说是不安全的。苯丙酮尿症是一种遗传性代谢疾病，患者无法分解苯丙氨酸，导致苯丙氨酸在体内积累，对神经系统造成损害。因此，阿斯巴甜在食品标签上通常会标明"苯丙酮尿症患者禁用。

如今无糖碳酸饮料和食品中所使用的甜味剂主要就是阿斯巴甜。有些人食用包含这种添加剂的食品后，出现了头疼、恶心等不适症状，围绕它的各种质疑、流言甚至法律诉讼，从来就没有间断过。由资本操纵下的糖与代糖之间的暗战在人类历史上一次次吹响号角。

细心观察后，我们会发现我们日常食用的 80% 饮料和食品中都添加了白砂糖。从麦片到零食、饮料等，各家企业纷纷卷入了加糖的竞争潮，导致麦片市场从 20 世纪 70 年代的 6.6 亿美元迅速飙升至 20 世纪 80 年代的 44 亿美元。在这场竞赛中，许多公司与集团脱颖而出，攫取了前所未有的财富。然而，这种现象也引发了公众对于食品中过高糖分含量的健康担忧。

这些公司似乎受益于白砂糖添加的趋势，取得了可观的财富。然而，这些公司的成功并不意味着整个社会都从中受益，因为过高的糖分摄入可能会对公众健康带来负面影响。糖对人体具有成瘾性，因此食品公司倾向通过添加糖分来吸引更多消费者，而这种行为本身也令它们陷入了一种"上瘾"的状态。

1960~2000 年，全球蔗糖产量经历了显著的增长，从约 0.4 亿吨增加到接近 1.6 亿吨，翻了 4 倍（据联合国粮食及农业组织公布数据），而与此同时，全球人口只增长了 1 倍。白糖甚至逐渐成为国家战备物资之一。以中国为例，1960 年白糖被正式确定为国家战备物资，与粮食、棉花和石油等资源地位相当。在营销方面，企业不断将糖与健康联系在一起。全球知名的糖果公司玛氏集团在广告中提出"健康生活，从玛氏开始"，后来变为"从嘴巴开始，感受健康生活，选择玛氏"，广告语虽然多次更换，但都围绕着"健康"展开。这样的营销策略使得玛氏集团上市不到一年的时间就实现了超过 2500 亿元的营收。

从最初作为药用食品开始，到如今成为国家贸易的重要商品，这些食品公司的发展之路确实令人震惊。它们似乎在背后操作着一切，就像是一只"看不见的手"。

这些食品公司在历经时间的洗礼后，成功地将糖从稀有的药品转变为大规模生产的商品。他们不断地推广糖的使用，通过营销和广告手段让人们渴望并"迷信"糖的甜味。在其中一些公司的控制下，白糖逐渐展现了其对社会和经济的重要性。

这些食品公司利用先进的科技和生产技术，提高了糖的产量，并以巨大的规模在国际贸易中交易。他们的影响力不仅局限于本国市场，而且遍及全球。这些公司通过多种手段，包括调整糖的配方、营销手法和价格策略，来满足市场需求并获取巨额利润。

与此同时，全球的糖尿病患病率与肥胖率也开始迅速飙升。尽管健身潮已经持续了 40 年，但截至 2021 年，根据世界卫生组织发布的数据，全世界的肥胖率已经增加了三倍。这一现象引发了人们对健身潮和肥胖率上升之间的矛盾和问题的关注。尽管健身运动在全球普及，但肥胖和糖尿病的问题似乎并未得到有效控制。这可能涉及多种复杂因素，包括饮食结构的改变、生活方式的转变、社会压力等。我们需要更多的研究和综合措施来深入了解并解决肥胖和糖尿病问题，以促进全球健康和福祉。同时，健身和饮食的平衡及科学的健康指导也非常重要，这能确保人们能够在健康的前提下享受健身运动的益处。

2023 年 7 月 14 日，世界卫生组织（World Health Organization，WHO）发布了相关评估结果，将阿斯巴甜列为可能致癌物。然而，同时他们也补充说明，如果每天摄入量不超过每千克体重 40 毫克，则是安全的。

这一评估结果可能会引起公众的关注和讨论，因为对食品添加剂和化学物质的安全性评估一直是一个重要的议题。

值得注意的是，科学研究和评估是不断发展和更新的过程，因此建议公众关注健康组织的最新指南，并在食品摄入方面保持适度和平衡。如果您对阿斯巴甜或其他添加剂的使用感到担忧，最好咨询专业的医疗和营养专家，以了解适合您个人情况的最佳饮食选择。

本章作者：庄桂　张积森

本章参考文献

[1] Johnson R J，Segal M S，Sautin Y，et al. Potential role of sugar（fructose）in the epidemic of hypertension，obesity and the metabolic syndrome，diabetes，kidney disease，and cardiovascular disease2[J]. The American Journal of Clinical Nutrition，2007，86（4）：899-906.

[2] Foster-Powell K，Holt S H A，Brand-Miller J C. International table of glycemic index and glycemic load values: 2002[J]. The American Journal of Clinical Nutrition，2002，76（1），5-56.

[3] Atkinson F S，Foster-Powell K，Brand-Miller J C. International Tables of Glycemic Index and Glycemic Load Values: 2008[J]. Diabetes Care，2008，31（12）：2281-2283.

第七章
糖——社会经济发展的甜蜜旅程

糖业在古代和现代社会经济中都具有重要的地位，糖业的发展带动了农业、食品加工、物流、包装等相关产业的发展，并推动了国际贸易。糖业的发展对巴西、印度、中国等国家的经济发展都有着巨大的影响。同时糖业发展也面临环境变化和国际贸易竞争等挑战。未来，我国糖业需要关注可持续发展、技术创新和市场需求的变化，才能保持其活力和竞争力。

第七章 糖——社会经济发展的甜蜜旅程

糖是关系国计民生的重要战略物资，是食品加工行业中不可替代的重要原料，同时糖也是人体所必需的三大养分之一……总之，与我们的生活息息相关。糖作为一种重要的农产品，对于不同地区的经济发展都产生了一定的影响。糖业与地域之间存在着密切的关系，不同地区的气候、土壤、水资源、经济条件和市场需求等因素对糖业的发展有着重要影响。糖业在不同国家、地区的发展上都具有独特之处。让我们一起跨越时间的长河，化身成一颗小小的糖在大大的世界舞台上旅行吧！

第一节 从古至今的"甜蜜"传奇

糖业在不同历史时期对社会经济的影响是复杂的，它在不同的时间和地点对社会经济产生了不同的影响。

古老的糖业魅力：糖业的兴起，为古代社会经济注入了甜蜜活力。在古代，糖业的兴起催生了种植、加工和贸易等一系列产业。如在古希腊和罗马时期，糖被用作药品、调味料和奢侈品，带动了糖的需求和贸易，促进了商业活动的发展。糖与农业的结合，推动了农业生产和城市发展，成为经济繁荣的动力源泉。

殖民地时代的"甜蜜财富"：糖业是欧洲殖民者在美洲和加勒比地区建立起来的经济基础之一。在16~19世纪，欧洲国家侵占殖民地，种植大量甘蔗，凭借奴隶贸易和强制劳工制度，将糖作为主要出口货物，攫取了大量的利益。加勒比地区的糖业，如牙买加和巴巴多斯等，成为殖民地主要经济支柱，带动了奴隶贸易和国际贸易的繁荣。糖业为欧洲殖民国家带来了大量的财富，但同时也给当地居民带来了剥削和压迫。

工业革命时代的"糖分革命"：随着工业革命的到来，糖业的机械化与科技进步相结合，提高了生产效率。英国在这一过程中发挥了重要作用——英国的制糖机械化创新，使糖业生产大幅增加，并且在交通和商业体系的发展中发挥了关键作用。这个时期，糖业开始出现了机械化和现代化的趋势，糖业的发展带动了农业机械制造业和运输业的发展，同时也为城市工业提供了原材料。糖业的发展带来了新的就业机会，同时也改变了当地社会的经济和文化结构。

现代社会的"糖分热潮"：在现代时代，糖业成为全球经济的重要组成部分，糖业带来的影响也更加多元化。例如，巴西和印度成为全球最大的糖生产国之一，糖业对这些国家的经济发展和贸易收入做出了巨大贡献。此外，糖业的延伸产业，如糖果和饮料业，在现代消费文化中扮演着重要角色。在现代化的今天，糖不仅仅是一种商品或食品，还被应用于医药、饮料、糖果等产业，成为社会经济中不可或缺的一部分。糖业也引发了消费文化的发展，推动了相关产业的繁荣。在一些发展中国家，糖业仍然是最重要的经济支柱之一。

由此可见，人们对于糖的狂热在不同时期点燃了社会经济的热血。它促进了贸易和商业的繁荣，推动了经济的发展和社会的变革，为人们创造了无数机会和财富。

第二节　糖业风云：甜蜜"点燃"世界经济

我们前面了解到在不同历史时期，糖的存在形式和地位变化，由此可见，糖的消费与社会经济的发展水平密切相关。在发达国家，人们对于糖的需求越来越高，不仅仅满足于简单的吃糖，更倾向于更高品质、更好口感、更精致的糖制品，糖行业也由此大力发展了起来；相反，在一些贫困国家，人们只能消费便宜的低质量糖。这也表明了人们对糖的不同需求反映了社会经济发展程度的不同。

到今天，糖已经成为全球重要的经济战略物资之一，也是关系国计民生的重要大宗农产品之一，制糖行业是关系社会稳定的重要产业。在现代经济学中，糖有着重要的含义，涉及资源的分配、市场的竞争、消费者的需求和生产者的利润等方面。糖业即制糖产业，原料主要是甘蔗和甜菜两种作物，因其产出的产品体积远小于原料，所以是一种原料区位的产业。糖业并不是一个单独发展的产业，它与其他产业息息相关，随着糖的生产和消费的扩大，也带动了其他相关产业的发展，如农业、运输业、包装业、烹饪业和糖果制造业等[1]。

美国农业部外国农业服务（United States Department of Agriculture-Foreign Agricultural Service）报告称，2022年市场销售年度，全球糖产量预计为1.879亿吨，在2023～2024销售年度，糖的增产将主要在巴西、印度以及巴基斯坦等国家。公开资料显示，全世界产糖的国家和地区共有121个，产糖量在50万吨以上的国家和地区有31个，其中主要的产糖地区包括巴西、印度、欧盟国家、中国和泰国。

一、巴西

巴西是世界上最大的甘蔗生产国和出口国，且一直致力于发展甘蔗种植业，并建立了庞大的甘蔗糖和乙醇产业。世界上的食糖40%以上都来自巴西，巴西的糖产量主要依赖其广阔的耕地、适宜的气候条件和现代化的农业技术。巴西的白糖产业以甘蔗为主，甘蔗种植广泛分布在巴西中部和东北部的热带和亚热带地区。巴西甘蔗产业对巴西经济做出了巨大贡献，为其创造了大量就业机会，并成为国内外贸易的重要支柱。

甘蔗在该国的发展历史可以追溯到殖民时期。甘蔗是巴西的殖民经济的重要组成部分。葡萄牙人最早将甘蔗引入巴西，并在巴西沿海地区建立了大量的甘蔗种植园。巴西的种植园主要集中在巴伊亚州、伯南布

糖

乙醇

生物燃料

纤维材料

哥州和里约热内卢等地。种植园制度是殖民地经济的基础，这些种植园主要依靠奴隶劳动从事甘蔗种植、生产糖和朗姆酒，以此来发展经济。1888年奴隶制度废除后，由于失去了廉价劳动力来源，许多种植园主不再具备经济可行性，因此开始转向其他农产品，这对甘蔗产业产生了深远的影响。

然而，一些种植园主转向雇佣自由劳工，并采用新的生产技术和机械化方法，继续发展甘蔗种植和加工。到20世纪初，巴西开始生产乙醇燃料：由于石油危机，巴西的石油供应不稳定，因此巴西政府正式启动"酒精计划"以支持甘蔗种植业发展，推动甘蔗乙醇作为汽油替代品的生产和使用，从而摆脱对传统汽油燃料的依赖。这一时期是巴西甘蔗产业的又一个重要阶段。在这一时期，巴西甘蔗产业得到了进一步的发展和推广，种植面积扩大，技术改进，产量增加。20世纪中叶以后，巴西的甘蔗产业进一步发展壮大。随着技术的进步和科学研究的推动，巴西在种植技术、研发创新和生产效率方面取得了显著的进展，甘蔗产量和质量都得到了大幅提高。巴西成为甘蔗种植、糖和乙醇生产领域的全球领导者之一。

此外，巴西的甘蔗产业也在可持续发展方面取得了进展，推动了环境友好型甘蔗种植和生产方法的采用。除了传统的糖和乙醇生产，巴西还发展了其他甘蔗相关的产业，如生物柴油、纤维材料等。

巴西政府在白糖产业发展上采取了积极的政策措施，包括提供贷款和补贴、改善基础设施和运输网络等。此外，巴西白糖出口市场广阔，主要出口对象为中国、欧盟成员国和印度等国家。巴西白糖产量在过去几年稳步增长，并有望继续增加。据统计，巴西制糖业每年带来约44亿美元的收入，并为近千万人提供就业机会。糖业是巴西经济的重要支柱之一，糖业的发展为巴西带来了丰厚的贸易收入，对国家的贸易平衡和外汇储备有着积极的影响，并为巴西创造了大量的经济和社会价值[2]。

总体而言，巴西的甘蔗发展史经历了从殖民时期的种植园经济到现代化、多元化和可持续发展的转变。巴西甘蔗产业的成功得益于丰富的土壤和气候条件，以及对技术创新和市场需求的不断适应。

二、印度

　　印度是世界上第二大甘蔗生产国，也是仅次于巴西的世界第二大产糖国和第一的食糖消费国，是世界甘蔗生产的领军国家，印度每年对世界糖的生产贡献接近14%。印度制糖业发展迅速，主要得益于国内市场对先进制糖技术的引进，以及当地自然及社会环境的影响。从自然环境来看，印度拥有着良好的土壤、气候、降水条件，十分适宜甘蔗和甜菜等制糖原料作物的生长和产出；糖业发展基础广，人口众多，对食糖需求量大，再加上政府相关政策支持，印度糖业仍有很大的发展空间，将在国际上扮演最重要的角色之一。

　　近年来，随着居民生活消费水平的提升，食糖市场需求也在逐渐增加，进而带动了整个制糖行业的向好发展。印度年度糖产量的波动将对全球糖市场、农业市场和能源市场等多个市场产生影响。甘蔗种植在印度具有悠久的历史，自古以来就是当地农业的重要组成部分。甘蔗产业在印度创造了大量就业机会，尤其是在乡村地区。甘蔗的主要产品包括糖和糖蜜，对印度的经济贡献较大。

　　印度大部分地区属亚热带和热带气候区，适宜种植甘蔗，是甘蔗制糖技术的发源地之一，据梵文文献记载，印度的甘蔗栽培已有两千多年历史，可以追溯到公元前6世纪[2]。之后在英国殖民时期，当时蔗糖市场如火如荼，印度甘蔗种植业得到了进一步扩大和推广——英国殖民者建立了大规模的甘蔗种植园，并将印度作为重要的甘蔗糖生产中心之一。在印度独立后，政府采取了一系列措施来促进甘蔗产业的发展，包括提供补贴、贷款和技术支持等。1974年，印度政府成立了国家甘蔗发展委员会（National Sugar Development Council），负责甘蔗种植和糖业的发展规划和政策制定。在过去几十年里，印度的甘蔗产量和糖业产能都得到了显著增加，成为全球甘蔗糖生产的重要国家之一。印度的甘蔗产业还涉及其他产品的生产，如酒精、饲料和纸浆等。

　　目前，印度的甘蔗产业仍然保持着强劲的增长势头。印度各州广泛种植甘蔗，其中马哈拉施特拉邦、北方邦和卡纳塔克邦是主要的甘蔗种植地区。政府持续通过提供补贴、改善基础设施和推动科技创新来支持甘蔗种植者和糖业生产商。同时，印度也在探索可持续发展的甘蔗种植和糖业生产方法，以减少环境影响和提高效率。印度的甘蔗产业经历了数百年的发展和演变，成为该国经济的重要组成部分。政府的支持和科技的进步对于推动甘蔗产业的发展起到了关键作用。

三、中国

中国的甘蔗主要用于糖业生产和酿酒业。

甘蔗种植业是中国的南方地区农民的重要经济来源，也对当地经济发展起到了促进作用。

甘蔗最早是通过海上丝绸之路从印度尼西亚等地引进中国的。中国的糖和糖制品曾经远销东南亚和其他地区，成为中国与其他国家之间的贸易往来的一部分。

从时间跨度上来看，中国甘蔗糖产业发展与社会发展密不可分。近代以来，新中国成立以前，我国是一个半封建半殖民地的贫困、落后的国家，糖对于劳动人民可谓是奢侈品；新中国成立以后，我国人民生活水平不断提高，人们对糖的要求也随之增加。

农业经济师罗凯曾总结了自新中国成立以来我国甘蔗糖业的发展历程[3]。新中国成立以后，党和政府大力发展经济，甘蔗糖业得以迅速恢复和发展，由广东珠江三角洲逐步扩展，形成南部、西南和长江中下游3个蔗区。但在"甜菜南下、甘蔗北上""肥田种粮、瘦地种蔗"的错误思想指导下，我国糖业经历了一段波折的路程。之后，在计划经济的框架下甘蔗糖业发展到极致。随着我国经济体制由计划经济向市场经济转变，甘蔗糖业同时并存着计划与市场两种经济成分，甘蔗糖厂逐渐由国有企业转轨成私营企业。由于机制不稳定，因此甘蔗糖业起伏波动较大。从2002年起，甘蔗糖业进入市场经济发展时期，这一时期的甘蔗糖业根据市场需要，遵循资源规律和经济规律发展。甘蔗糖厂也由国

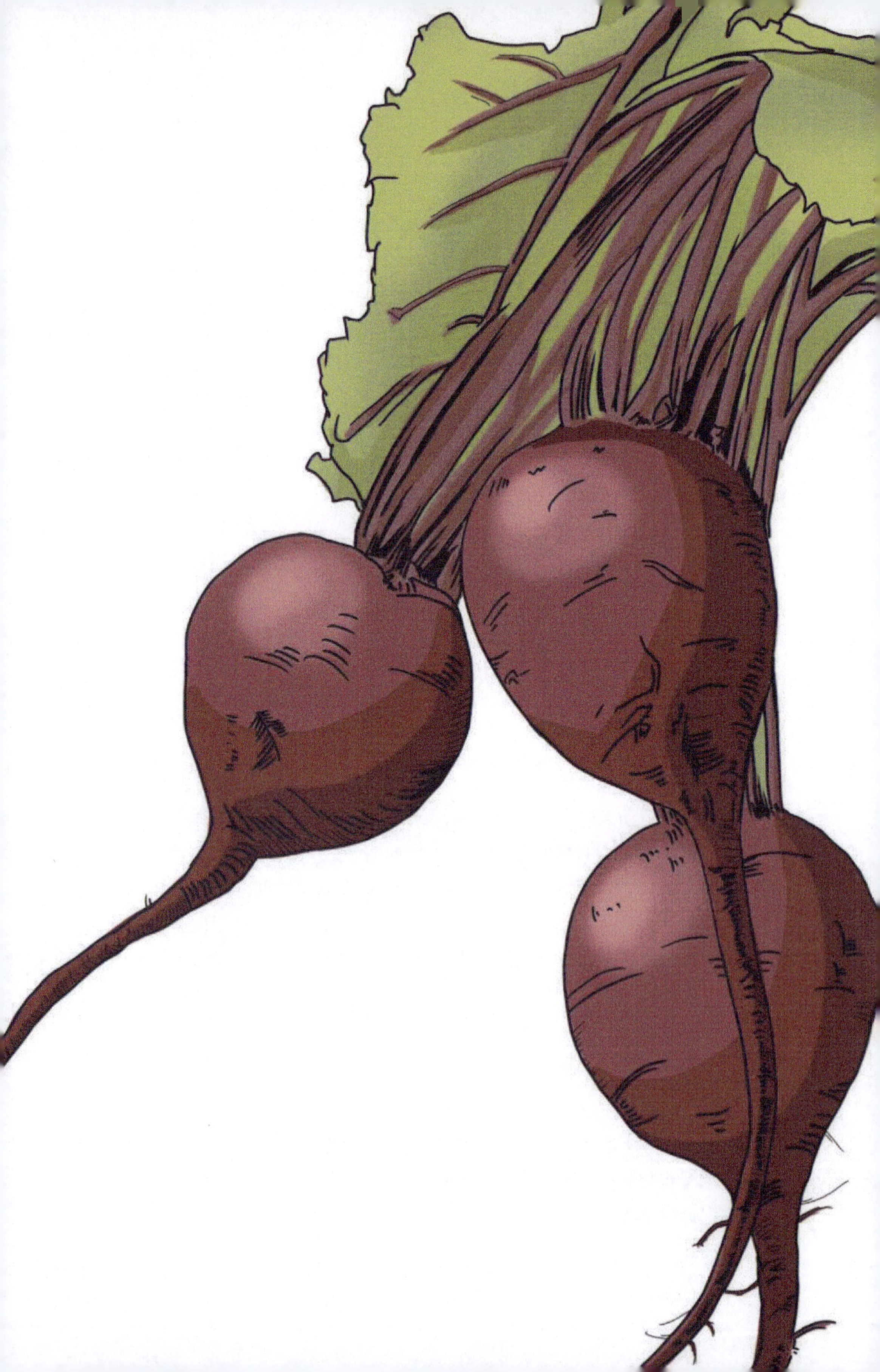

有企业转制为私营企业，责、权、利统一于经营主体。糖价、蔗价完全放开，由政府制定变为市场调节。由此，极大地促进了甘蔗糖业的理性发展，甘蔗区域基本稳定在原来的范围。近年来，中国的甘蔗产业得到了进一步的发展。随着农业技术的进步和经济的发展，甘蔗的种植和糖业产业得到了现代化的改进，大规模的甘蔗种植和工业化的糖业生产成为中国农业经济的重要组成部分。

总的来说，中国的甘蔗发展经历了数千年的历史，从古代的引进到现代的工业化生产，中国的甘蔗产业在农业和经济领域都起到了重要的作用。食糖作为关系国计民生的重要战略物资，是人们不可或缺的生活资料，也是制药、食品加工、饮料制造、各种轻化工，甚至是核工业所需的重要原辅料和辅助剂，其上下游产业涉及国民经济生产的120多个门类。然而，作为世界食糖消费大国，目前我国食糖还远远不能自给，每年食糖产需缺口500多万吨。近年中央一号文件提出保证糖料作物自给的目标，这也反映了糖料蔗的种植产业目前为止在我国仍然大有可为。

四、泰国

泰国是东南亚地区最大的甘蔗生产国之一，是全球第三或第四大甘蔗生产国（数据波动）和第二大白糖出口国，主要生产蔗糖。糖业已成为泰国的支柱产业之一，在泰国国民经济和社会发展中占据重要地位。目前泰国共有47个府种植甘蔗，总面积1160万莱（约2784万亩）；共有57座糖厂，日榨甘蔗约85万吨；年出口及国内销售收入达500亿泰铢，蔗农及相关从业人员达100万人。泰国糖业发展的管理机构是甘蔗及糖业委员会，负责对甘蔗及糖业提供指导和预警，支持、监督甘蔗及糖业可持续平衡发展，并不断提高行业竞争能力。泰国砂糖出口呈增势且稳定并将成为泰国经济复苏的一大重要推动力。

糖消费的增长动力主要来自人口和经济的增长，在全球人口和经济增长态势不变的条件下，糖以及糖制品的消费量将随之增加。糖业对不同地区经济的影响是复杂的，需要充分考虑当地的社会、环境和经济现状，以促进可持续发展和社会公正。泰国的甘蔗产业主要以生产糖和糖蜜为主，对国内经济具有重要意义。泰国的甘蔗糖在国际市场上具有竞争力，出口额较高，对国家的外汇收入起到了积极作用。

泰国的甘蔗种植始于 19 世纪末至 20 世纪初，当时泰国的甘蔗主要用于家庭消费和传统糖坊生产糖。在 20 世纪至 21 世纪，泰国政府开始鼓励甘蔗种植，以促进糖业的发展。政府采取了一系列措施，包括提供贷款和补贴，引进新的种植技术和设备，并向农民提供培训和技术支持。政府推动了大规模的甘蔗种植和糖厂建设，并鼓励农民组织成合作社，以提高种植效率和农民收入。政府还实施了一系列农业改革政策，其中包括通过国有化和重组来整合糖业。后来泰国开始向国际市场出口糖和糖制品，糖业出口收入成为国家外汇收入的重要来源之一。泰国的甘蔗种植面积和产量进一步增加，技术水平也有所提高，糖业成为国民经济的重要支柱之一。21 世纪初至今，泰国的甘蔗产业继续发展壮大。政府推动可持续种植和生产实践，注重环境保护和农民福利。同时，泰国也致力于研发新的甘蔗品种，提高甘蔗的产量和糖分含量。

今天，泰国是全球领先的甘蔗生产国之一，甘蔗及其副产品在国内外市场都有很高的需求。泰国的甘蔗产业为国家经济做出了重要贡献，并提供了大量就业机会。

五、英国

就英国而言，对殖民地甘蔗的加工促进了英国的新兴工业，也进一步扩大了海运事业，这对于发展世界市场和国际贸易也做出了贡献。在 17 世纪和 18 世纪，加勒比地区的一些岛国成为世界上最大的甘蔗生产地。当时殖民地主要种植甘蔗，以生产糖和朗姆酒为主。甘蔗产业在加勒比地区发挥了重要作用，为殖民地经济和贸易提供了基础，但也伴随着奴隶制度的黑暗历史。其中英属巴巴多斯经历的蔗糖革命就具有代表性。巴巴多斯是位于加勒比海与大西洋边界上的岛国,"蔗糖革命"前,巴巴多斯社会的前期的主要特征是小土地所有者们在一些白人契约佣工的帮助下种植烟草和棉花等作物,但都在市场的漩涡中被淘汰了。然而17世纪中期时,由于欧洲人对蔗糖的需求源源不断且巴巴多斯气候炎热湿润,一年四季都可以种植甘蔗,因此在市场需求和地理优势的促使下,殖民者们选择种植甘蔗。甘蔗成为巴巴多斯的主要作物,曾经拥有该岛大部分土地的小农们,也逐渐被几百个可以买得起机器和设备的种植园主们所代替,于是作物生产方式由小农地生产逐渐转变为大种植园生产[4]。

由于甘蔗在长时间的运输过程中极易腐烂,且甘蔗汁也极易干掉,因此蔗糖的生产者必须是制造者兼种植者,或者两者应保持紧密联系。蔗糖的加工提炼过程,就是把蔗园里生产的褐色粗糖加工成洁白的砂糖。这种白糖既能长期贮存,又便于运输,还便于远销世界各地[5]。对此,学者理查德·佩尔斯(Richard Pares)认为:"蔗糖生产将工业和农业联合起来了[5]。"人们在进行甘蔗种植的农业过程中,也通过碾磨、煮沸、精炼和蒸馏等工序的工业过程制造了蔗糖。"1655年,伦敦商人从巴巴多斯进口了103 067英镑(5 236吨)的蔗糖,这些在产糖岛价值130 000英镑的商品在伦敦却可以卖到180 000英镑[6]。"由此可见,种植甘蔗和生产蔗糖给种植园主们带来了丰厚的利润回报。甘蔗的种植不仅使种植模式发生了改变,使农业经济发展起来了,还促生了一系列制糖工业。而现今为庆祝甘蔗丰收,每年6月最后三个星期至7月的第一个周末,巴巴多斯都会欢庆一年一度最盛大的民间节日——甘蔗节。

随着蔗糖生产的不断发展,加上饮茶和咖啡的普及,食糖已经不再是王公贵族们的奢侈品,而成为人们生活的一种必需品,因而制糖业的重要性也与日俱增。大约到18世纪中期,英国共有120个制糖作坊。此外精制糖的批发分销工作又带来了许多相应的行业,也要求发展沿海和内陆的车船运输业[5]。

甘蔗除了发展了制糖业,还发展了甜酒烧制业。甘蔗可以制作糖浆,而糖浆经过蒸馏又可以得到朗姆酒。据《资本主义与奴隶制》记录,朗

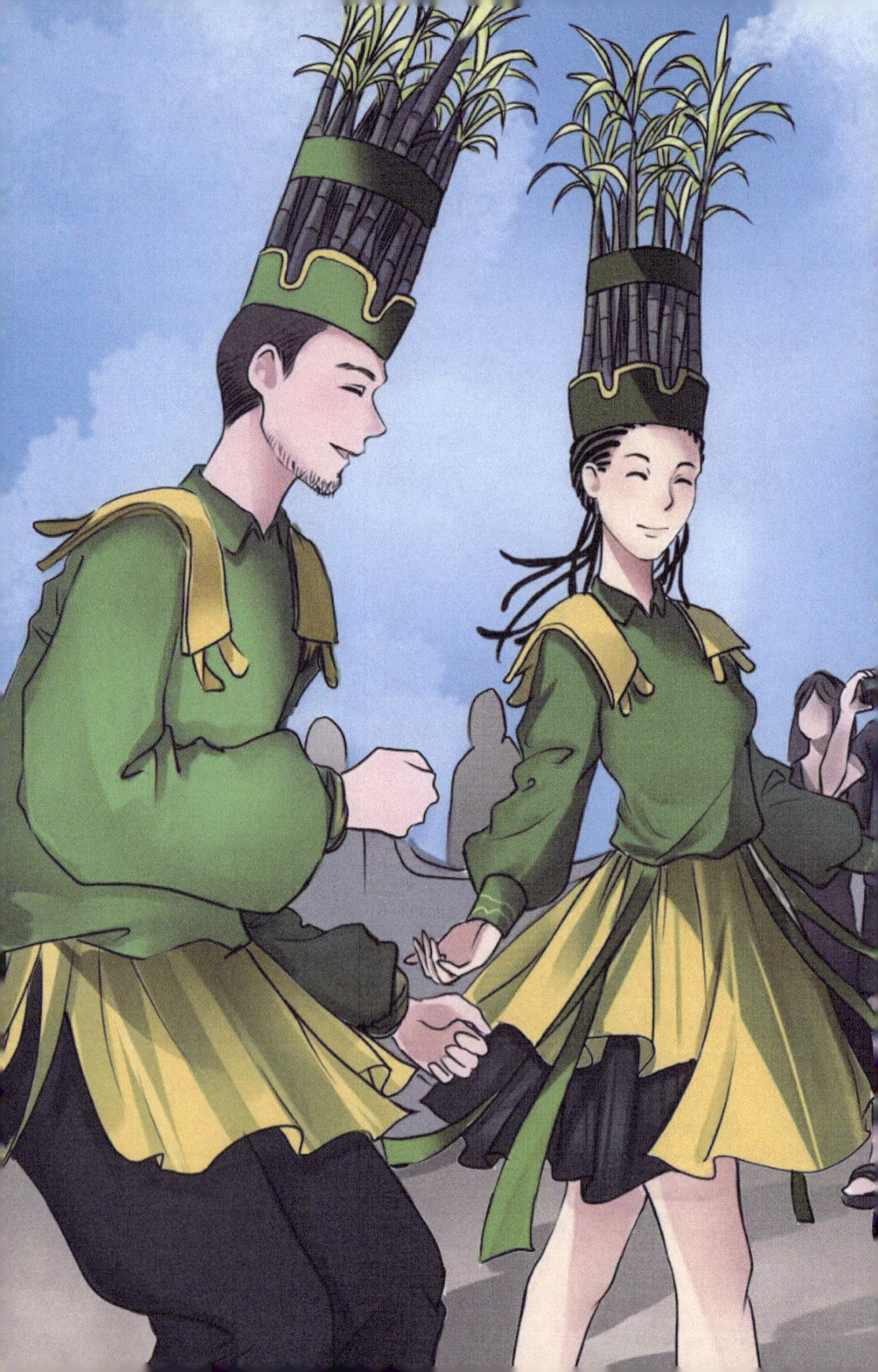

姆酒是渔业、皮毛业和航船水手不可少的东西，而且它与三角贸易有着更为直接的关系。朗姆酒是贩奴船上必备的一种货物，特别是开往非洲殖民地的贩奴船。据说当地有个奴隶贩子，口袋里装满了用奴隶换来的金子，他十分愚蠢地接受了一艘贩奴船船长的邀请，前去共进午餐，结果他被灌得晕头转向，待第二天早晨醒来时，他发现他的钱袋和金子不翼而飞，他本人也被剥得精光，打上标记，与他自己的受害者一起沦为了奴隶。1765年，利物浦办起了两个烧酒厂，就是专为满足开往非洲的贩奴船所需的甜酒。对于重商主义者来说，另一个同样重要的事实是，从糖浆中不但能提取朗姆酒，还能提取白兰地和低质酒，这些酒通常是从法国进口。

从糖业在各个国家的重要地位来看，甘蔗种植业对世界各国的经济发展起到了积极的推动作用。甘蔗的主要产品如糖和糖蜜不仅成为人们喜爱的食品，更是推动着贸易、农业和工业的发展。在国内外市场上有很高的需求，为很多国家都创造了就业机会和贸易收入。糖业风云的演变，映射着人类社会和经济的变迁，见证着人类对甜蜜的追求和发展的脚步。愿我们在感受甜蜜的同时，也能意识到糖业背后的劳动、技术和文化，珍惜这份甜蜜带来的经济繁荣和文明交流，共同开创一个更加甜美的未来。

第三节　糖在国际贸易中的机遇与挑战

糖的贸易在全球化的发展中扮演了重要角色。从15世纪开始，糖成了全球贸易的关键商品。欧洲国家通过殖民扩张和奴隶贸易，将糖作物引入新大陆，并建立了庞大的糖产业。这一贸易网络促进了国家之间的财富积累，同时也加剧了奴隶制的滥用和残酷剥削。从美洲国家的奴隶开始种植甘蔗那一刻开始，糖就变得至关重要，并且一度成为政治、经济乃至国际争端的根源。糖贸易是国际贸易中的一个重要组成部分，其与国际关系密切相关。即使在当下，糖仍然是各国之间和国际组织内部激烈争论的话题。

国际糖贸易格局具有以下两大特征：①在需求低速稳增、产量波动明显的情况下，产量是影响国际糖供需关系的核心因素；②国际糖市主导品种为蔗糖，产量及出口分布较为集中，巴西、印度、泰国三大产蔗国是国际糖价分析的核心关注区域。一些发展中国家通常依赖糖这种主要的农产品和贸易品的出口收入，因此对国际市场的需求和价格敏感。但是，由于国际市场的不稳定性和价格波动性，这些国家的经济发展和社会稳定会受到一定的影响。比如，泰国糖库存逐步减少，泰国糖现货升水始终处于相对高位，从而造成东南亚和南亚地区糖供应紧张，并使得临近的印度糖出口体现出优势，有助于印度消化国内巨大的产能。这对于全球经济和不同国家的社会发展具有重要的意义。

在国际贸易中，糖业是一个充满竞争和争议的领域，因为一些国家/组织会采取贸易保护主义政策来保护本国糖业。例如，欧盟采取高关税和配额限制进口糖的数量，以保护自己的糖业。这种政策对于发展中国家的糖业出口造成了一定的冲击和障碍。不同国家对于本国糖业也进行了一系列政策的制定，以促进和维系糖业的发展。国际糖业组织（International Sugar Organization，ISO）是一个由生产、出口和进口国家组成的组织，旨在促进国际糖业的合作和发展，该组织制定了一系列的标准和规则，以确保国际糖贸易的公平和透明。

糖业稳定关乎全球利益，糖虽然主要是作为食品应用，但实际上其应用领域远不止于食品领域。其在建筑、工业等众多领域都有广泛应用。也正是因为如此，糖是每个国家都十分看重的战略物资。然而，最近几年全球上游原料供应链却遭遇了两大挑战，一个是新冠疫情，另一个就是俄乌战争。这两个巨大的挑战直接导致全球市场受到严重影响，从能源到糖到粮食，多种各国必需的物资都出现了价格飙升的情况，而且现在这种情况还在持续。

第七章 糖——社会经济发展的甜蜜旅程

俄乌冲突升级以来，多个国家对这个重要的战略物资——糖采取一系列措施，有的禁止食糖出口，有的取消出口订单。印度政府2022年6月1日宣布，为保障国内食糖供应和价格稳定，即日起对本国食糖（包括原糖、精制糖和白糖）实施出口总量限制，以确保国内供应量稳定，防止糖价暴涨。巴西糖厂在近年来国际油价飙升的趋势下，看到了更高的利润空间。因此，巴西食糖生产行业普遍出现取消出口合同的现象，转而用甘蔗生产乙醇，而乙醇可被混入石油作为生物燃料，这将造成全球糖供应减少。出于降低国内通胀的目的，全球第五大蔗糖生产国巴基斯坦早在5月9日就宣布全面禁止食糖出口。由于长期从俄罗斯等国进口大量食糖，俄乌冲突升级以来，哈萨克斯坦国内糖价飞涨，与哈萨克斯坦面临相同遭遇的吉尔吉斯斯坦都宣布了"限糖"举措，无疑会将国际糖价进一步推高，刺激全球食品价格上涨，加剧全球通货膨胀。

从世界角度讲，欧洲和美洲的发达国家，虽然糖需求量大，但是增长潜力不高；而俄罗斯、澳大利亚、加勒比地区及非洲国家，虽然糖需求量较大，但是整体人口基数较小，人口增长速度慢，糖总体需求量小，增长潜力也不高；而亚洲地区，总人口几乎占世界人口的一半，虽然人均糖消费量偏低，但是大部分亚洲国家是发展中国家，人均糖消费量增长潜力巨大，未来世界白糖消费的增长点将来自于亚洲。我们相信未来随着世界发展中国家的经济发展，世界白糖的需求将持续增加。目前欧盟和美国是糖业最强大的市场，而巴西则是全球最大的糖出口国之一。糖果出口和进口的规模将与国际经济、环境、消费、贸易保护主义、国际关系等因素有关。不同地区和季节也会对市场价格造成影响，由于糖的生产成本不稳定，市场价格很难全年保持高水平或低水平。

此外，糖贸易对环境和社会问题也产生了一定的影响，一些国际组织和糖业企业开始关注和推动可持续发展的理念，包括推广环保种植和生产方式，保护劳工权益等，未来的糖业发展，需要在政治、经济、环境、社会等多个方面进行协调和平衡，以实现可持续发展。

全球制糖行业从过去几十年来一直发展迅速，随着消费者关注自身健康和营养，制糖行业也在不断回归健康的大趋势当中求新求变。人口的增长将促进制糖产业的发展，这也是制糖企业长期致力于研发新技术和新产品的重要原因。发展中国家和新兴市场对糖的需求增长更加迅速，随着全球中产阶级的增加，糖业有机会在这些市场中获得更大的份额。另一方面，随着研发技术的发展，制糖企业也将更好地运用新技术，提高生产效率、改善产品质量，使产品更具竞争力，从而满足越来越多消费者的需求。

在未来，糖业将继续发挥着重要的经济和社会作用。我们期待糖业能够在科技创新、可持续发展等方面取得更大的突破，为社会经济的繁荣和人民生活的改善做出更大的贡献。

本章作者：王绮昀　胡燕霞　韦雨璇　张积森

本章参考文献

[1] Mintz S W. Sweetness and power: The place of sugar in modern history [M]. London: Penguin，1986.

[2] 李杨瑞. 印度甘蔗糖业发展概况[J]. 广西糖业，2022，42（2）：39-48.

[3] 罗凯. 中国甘蔗糖业 60 年的回顾与展望[J]. 中国糖料，2010，(1)：80-82.

[4] 王倩. "蔗糖革命"的历史考察[J]. 黑龙江史志，2015（2）：73-78.

[5] 〔特多〕艾里克·威廉斯. 资本主义与奴隶制度[M]. 陆志宝等译. 北京：北京师范大学出版社，1982.

[6] Parry J H, Sherlock P M, Maingot A P. A short history of the West Indies [M]. London: Macmillan Caribbean，1956.

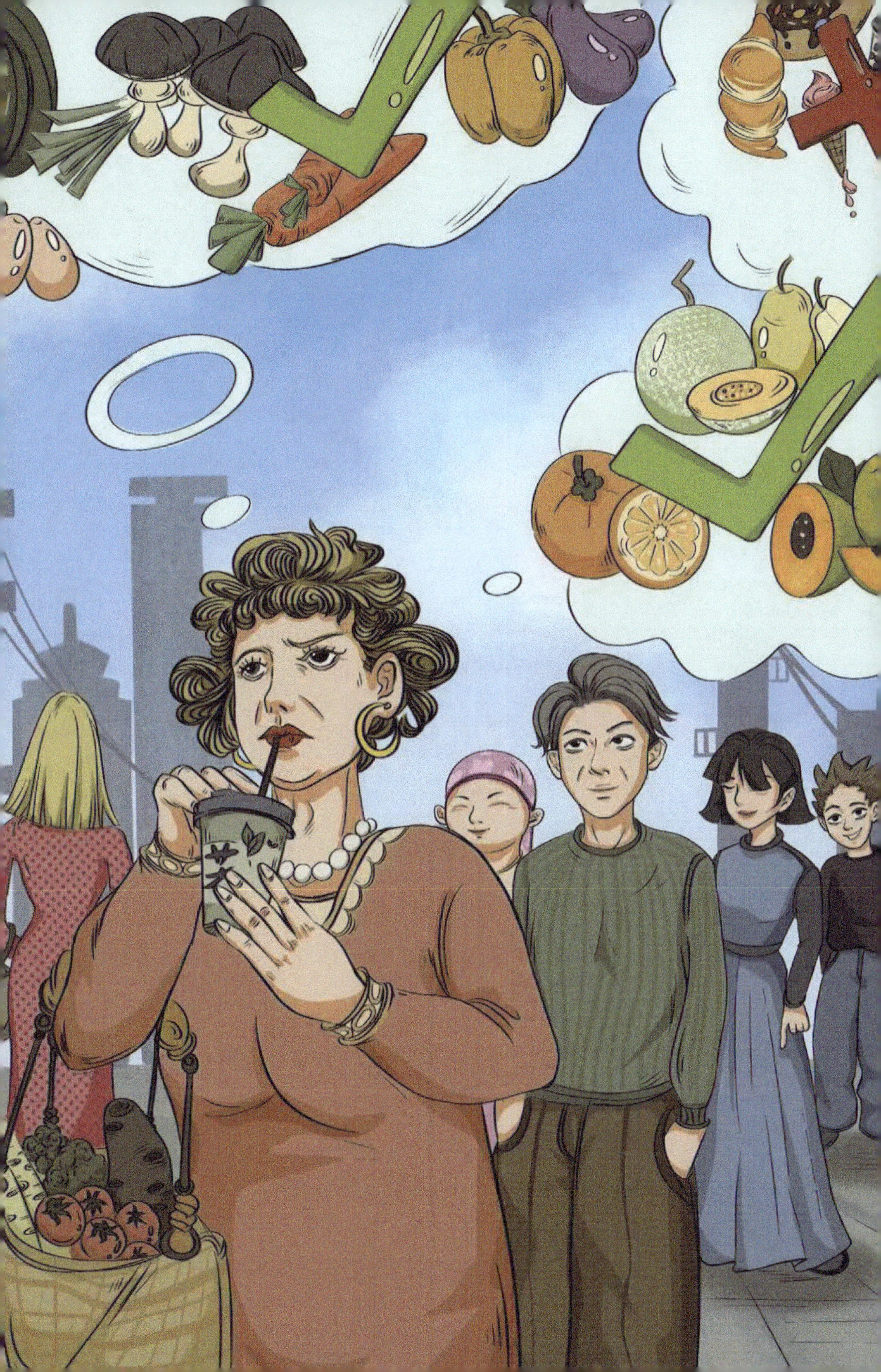

第八章
甘蔗相关研究进展

　　提高甘蔗的产量、品质和抗逆性，是甘蔗育种家努力的方向。甘蔗的传统杂交育种即"高贵化"育种促进了甘蔗抗逆性，并提高了甘蔗的产量。甘蔗近缘属种质资源的保存、搜集与利用对甘蔗育种同样至关重要。目前甘蔗分子标记辅助育种、转基因育种的研究也取得一定的成效。甘蔗现代生物学研究，在甘蔗病害、细胞学和基因组学等方面都取得了重要进展。合理的利用现代生物技术，将培育出更多优良甘蔗品种。

甘蔗栽培已历经上千年，经过大量探索与研究，在不同领域取得了丰富的成果，对此进行简要描述，以期为不同层次的读者了解甘蔗提供参考。

第一节　甘蔗育种研究

一、传统育种发展史

早期制糖生产所需的品种主要是栽培原种。1880 年，荷兰人在印尼爪哇、英国人在英属西印度群岛巴巴多斯，分别建立了爪哇甘蔗试验场和巴巴多斯甘蔗中央育种场，开始进行杂交育种研究。印度哥印巴托甘蔗育种场也相继开展了育种研究。1890~1906 年，肉蔗品种之间实现杂交，甘蔗育种的第一次技术突破——种内杂交。1921 年，荷兰杰出的植物学家和甘蔗育种家杰斯威特（Jeswiet）首创了甘蔗高贵化（育种法，即利用甘蔗属热带种与细茎野生种杂交），成功育成了具有"蔗王"之称的 POJ2878[1]，是甘蔗栽培种和野生种种间杂交技术的第二次突破，在世界育种史上做出卓越贡献，现代甘蔗品种十之八九都含有该品种的血缘。1920~1930 年，印度甘蔗育种家成功育成了具有甘蔗属热带种、印度种、印度野生种三种血缘的种间杂种 CO281、CO290、CO213，扩大了甘蔗的适应性，创制了三元杂交种，是第三次育种技术的突破。之后为提高甘蔗性状，拓宽遗传基础，在育种过程中，逐渐引入了甘蔗复合体中其他甘蔗近缘物种血缘。

我国甘蔗育种以 1945 年台湾糖业公司研究所成立为起点，在台南及屏东甘蔗育种场开展了大量杂交工作,选育了 F 系、PT 系、ROC 系品种(1979 年起,台湾将新育成的品种改为新台糖品种 ROC 称号),新台糖品种被引种大陆后,种植面积曾占全国的 80%。我国大陆甘蔗育种从 1952 年成立海南甘蔗育种场开始,通过利用美国 CP 系列、Co 印度系列和台糖系列品种为亲本,育出了如桂糖 11 号等上百个甘蔗自育品种。现在 ROC 系列,粤糖系列,桂糖系列,桂柳系列甘蔗种植面积约占总种植面积的 84.78%,选育并登记了 43 个甘蔗新品种,在全国推广种植面积占比超过 65%;选育的"桂糖 42 号"和"桂柳 05136"取代"新台糖 22 号"成为第四代主栽品种。

至 20 世纪中期,全球甘蔗品种依赖少数种质的事实成为甘蔗进一步改良的限制因素,于是开始了世界范围的搜集、评价、利用甘蔗种质资源的热潮。1957~1984 年,国际甘蔗技师协会组织 4 次大规模的甘蔗种质资源考察和收集,保存于美国和印度两大世界甘蔗种质资源保存中心。印度于 1912 年起开始组织采集资源,采集范围几乎遍及全国;1983 年起,先后出版甘蔗种质资源目录 5 册。我国 1975 年前由甘蔗育种工作者和单位在各地零星地收集,到 1980 年,南方九省区甘蔗科技工作者形成联合考察组集中收集考察甘蔗野生资源考察,集中将材料保存到海南甘蔗育种场,部分保存在云南,1982~1990 年,农业部统一安排和支持下,多机构进行重点收集,但分散保存。1991 年开始,在国家"八五"攻关课题的支持下,云南省农业科学院甘蔗研究所进行了资源圃的筹建和资源材料的收集保存,于 1995 年 10 月正式建成"国家甘蔗种质资源圃",集中"甘蔗属复合体"种质资源。现在,甘蔗种质资源保存于云南"国家甘蔗种质资源圃"。经过半个多世纪的研究,世界各国均各有建树,美国、印度、巴西等已从这些甘蔗资源中选取优良无性系,并同本国商业栽培种或热带种杂交获得了高糖分、高产量、抗逆性强或生物量、乙醇发酵量和纤维量较突出的回交一代(BC1)、二代(BC2)材料,为甘蔗育种进一步利用打下良好的基础。

二、分子标记辅助选择育种

分子标记辅助育种是利用分子标记与决定目标性状基因紧密连锁的特点，通过检测分子标记，即可检测到目的基因的存在，达到选择目标性状的目的，具有快速、准确、不受环境条件干扰的优点。可作为鉴别亲本亲缘关系、回交育种中数量性状和隐性性状的转移、杂种后代的选择、杂种优势的预测及品种纯度鉴定等各个育种环节的辅助手段。

早期的分子标记限制性片段长度多态性（Restriction Fragment Length Polymorphism，RFLP），利用 RFLP 标记对中国种甘蔗和印度种甘蔗区分，仅能区分种间，最早的甘蔗遗传图谱是利用 RFLP 标记开发的，但是覆盖范围低且不均匀。遗传图谱即遗传连锁图谱，是基因组研究中的一个重要组成部分，它是指基因组中基因以及专一的多态性标记之间相对位置的图谱。这些早期标记方法仅对少量克隆可以筛选，限制了它们在育种计划中的使用，仅提供关于克隆多样性的信息和少量克隆的指纹鉴定，以验证其亲缘关系和克隆完整性。

分子标记开发的下一个阶段是基于聚合酶链反应（Polymerase Chain Reaction，PCR）的标记，凡是基于 PCR 检测的多态标记（包括直接 PCR 和 PCR+酶切的方法）都属于 PCR 标记。主要包括随机扩增 DNA 多态性标记（Random Amplified Polymorphic DNA，RAPD）、简单重复序列标记（Simple Sequence Repeats，SSR）、序列标志位点（Sequence tagged Site，STS）、扩增片段长度多态性（Amplified Fragment Length Polymorphism，AFLP）等标记。PCR 是一种用于放大扩增特定的 DNA 片段的分子生物学技术，它可看作是生物体外的特殊 DNA 复制，PCR 的最大特点是能将微量的 DNA 大幅增加。这些标记的开发被添加到现有的 RFLP 遗传连锁图中，以增加标记数量和基因组覆盖率，从而筛选出抗性等目标基因。基于 PCR 标记的最后一项标记技术是甘蔗的第一个基于阵列的技术，即多样性芯片技术或甘蔗 DArT 芯片，被用于检测甘蔗黄叶病毒抗性数量性状基因座（Quahtitative Trait Locus，QTL），也被用于全基因组关联分析（Genome-Wide Association Studies，GWAS）。

甘蔗标记开发的下一个和当前阶段是利用高通量测序方法开发标记，即利用基因组中单核苷酸多态性（Siugle Nucleotide Polymorphism，SNP）和小片段的插入或缺失序列（indels），最初从表达序列标签（Expressed Sequence Tag，EST）中鉴定 SNP 标记并使用 Sequenom 试验对克隆进行 SNP 标记基因分型。基于芯片的 SNP 分型方法包括数以万计 SNP 标记并且只需要最低限度的计算机技能来处理数据，但是一旦开发，阵列是固定的，并且需要基于阵列将应用的种质的序列信息。第一个开发的固定阵列标记是 Affymetric Axiom 芯片，包含超过 345,000 个 SNPs，用于筛选 480 个育种品系群体的关联。Affymetric Axiom 芯片虽然产生了大量高质量的多态性 SNP 标记，但其筛选大量克隆的成本相对较高。对于包括野生种质在内的研究也不太有用，这些种质可能包含阵列中未表示的等位基因区域。一种潜在的更便宜的基因分型方法是测序基因分型（Genotyping by Sequencing，GBS），及用二代数据对样本进行全基因组测序，GBS 既可用于 SNP 发现，也可用于基因图谱和性状关联的克隆基因分型[2]。

传统的甘蔗育种是一项漫长而费力的过程，通常需要多年才能获得新品种。分子标记辅助育种的引入可以显著缩短育种周期，提高作物育种效率，也能准确地进行目标农艺性状的定向选择。甘蔗褐锈病的抗病基因连锁标记已经得到开发和广泛的应用，在世界各地的育种计划中已经报道了一个成功的案例——R570 自交群体的遗传图谱发现了与抗褐锈病主效基因 Bru1 连锁且相距 10cM 的标记。

三、转基因育种

除传统的杂交育种外，1969 年，Heinz 和 Mee 首先建立了甘蔗组织培养体系。Chen 等在 1987 年首次报道了电穿孔法将氯霉素乙酰转移酶（chloramphenicol acetyl transferase，CAT）基因导入甘蔗原生质体转化甘蔗，但只培养出表达 CAT 基因的愈伤组织。一个完整的甘蔗遗传转化和植株再生系统是在 1992 年建成。Bt 基因的表达产物是 Cry1 蛋白，能特异性毒杀多种害虫[3]。1996 年 Arencibia 等首次获得转 Cry1Ac 基因甘蔗植株，并具有良好的抗螟虫能力。2017 年，巴西国家生物安全技术委员会（CTNBio-National Biosafety Technical Commission）批准了巴西甘蔗育种技术公司 Centrode Tecnologia Canvieira 开发的第一种转基因甘蔗（Bt 甘蔗）的商业使用，这是世界上第一个被批准上市的转基因甘蔗。该新品种 CTC20bt 能够抵抗巴西甘蔗主要害虫甘蔗螟虫对作物造成的损害[4]。2020 年，我国王文治等证明转 Cry1Ab 基因后的甘蔗植株具有抗虫能力。除抗虫转基因研究外，抗病转基因方面，通过基因枪和农杆菌介导法等手段转入甘蔗，均获得了一批对甘蔗花叶病毒病中抗和高抗水平的转基因植株、甘蔗黄叶病毒转基因植株、甘蔗黑穗病抗性良好的转基因甘蔗材料、抗黑穗病显著的甘蔗转基因植株。抗逆转基因方面，成功获得可正常表达的抗旱性明显增强的转基因甘蔗植株、和抗寒相关蛋白转 SoTUA 基因甘蔗[5]。

除传统的杂交育种和转基因育种外，诱变育种也取得了一定成果，人工诱变开始于 20 世纪 20 年代，通过野生型基因损伤创造变异。诱变方法通常分为物理诱变、化学诱变、空间技术诱变等。育种工作者已经对甘蔗的抗褐锈病、抗赤腐病和耐盐碱等方面进行深入研究。

第二节　甘蔗现代生物学研究进展

一、甘蔗病害

目前世界上已发现的甘蔗病害有 120 多种，我国发现 60 余种[6,7]，近年来甘蔗种植区频繁引种和转种，使一些危险的种传病害（花叶病、黑穗病等）在甘蔗种植区间通过甘蔗传播，甘蔗致病性病害发生普遍，严重影响甘蔗产量、品质和再生能力的。下面重点介绍一下一些常见病害。

二、甘蔗花叶病

图8-1 甘蔗花叶病

花叶病（图 8-1）是甘蔗的主要的病毒性病害之一，由花叶病毒感染引起，1892 年首次对爪哇花叶病进行描述为"黄条纹病"。甘蔗感染病毒后，潜伏期一般为 10 天左右，但也有可能长达 20~30 天，甚至可在感染第二年发病。感染病毒一般出现黄绿相间不规则的嵌纹、条斑或斑驳，长短大小不一，布满叶片，有时还会使叶子卷曲、变矮和变窄生长受到明显抑制，导致节间变短，根系变短，甘蔗茎发芽率显著降低，产量降低。

近年来，对甘蔗花叶病的综合防控、甘蔗花叶病病原种类研究、甘蔗花叶病抗性性状的连锁标记与基因的鉴定以及甘蔗花叶病毒侵染的新机制等多方面都有很大进展。

三、甘蔗赤腐病

甘蔗赤腐病（图 8-2）又名甘蔗红腐病，是一种真菌性病害主要危害甘蔗叶片（即中脉赤腐病）和甘蔗茎（即蔗茎赤腐病）。1893 年第一次出现对赤腐病进

图8-2 甘蔗赤腐病

行描述：甘蔗叶片初期发病时，甘蔗叶片上出现不规则的褐红色小病斑，随后病斑逐渐扩大形成条状褐红色病斑；发病后期，病斑处有深褐色或黑色小点萌生，病情严重时可能导致叶片枯萎脱落。初期发病时，在甘蔗茎外部不表现任何病征，但将蔗茎纵剖可见甘蔗茎内发红，且主要出现在中下部，受害严重时几乎整株蔗茎均为红色，发病后期，蔗茎外部表现出皱缩、粗糙等病症，病情严重时，甘蔗内部组织萎缩，叶片枯萎导致植株死亡。茎叶变现病征后，挖开甘蔗根会发现，较为粗壮的根系有褐色病变，毛细根减少，根系萎缩等病症。

目前，甘蔗抗赤腐病研究主要集中在甘蔗品种抗病性研究、抗病分子标记及诱导抗病性几个方面。利用蔗茅与甘蔗杂交育成了赤腐病抗性较好的育种材料；成功利用合成信号分子CGA-245704诱导赤腐病感病品种CoC671产生系统抗病性；利用物理或化学诱变产生抗赤腐病甘蔗品种。

四、甘蔗黑穗病

甘蔗黑穗病（图8-3）又称甘蔗鞭黑穗病、甘蔗黑粉病。该病最早于1877年在南非纳塔尔发现，1940年以前该病仅发生在东半球，1971年甘蔗黑穗病蔓延到美国夏威夷州，1978年在佛罗里达州发生，到目前为止除了新几内亚以外所有蔗区均有发生[8]。甘蔗黑穗病症状，蔗株在生长初期幼芽顶端等易受黑穗病菌侵染。蔗株被侵染后表现出分蘖增多、蔗叶淡绿细长、顶叶尖挺、蔗茎细小和节疏等症状。随着黑穗病菌的不断蔓延在梢头渐渐形成由植物组织和真菌组成不分支，方向朝下向内卷曲的鞭状物。

黑穗病对我国乃至世界甘蔗产业的严重影响，国内外学者已在致病机理、抗病育种、病原-寄主互作机制研究和防控措施等方面投入了大量精力，取得一定的成果。

(a) (b)

图 8-3　甘蔗黑穗病

五、甘蔗褐条病

(a) (b)

图 8-4　甘蔗褐条病

甘蔗褐条病（图 8-4）是为害甘蔗叶片的重要病害之一，属真菌性病害，各蔗区均有分布，主要来源于田间残留的病株残叶和生长在蔗田中的病株，蔗种不传播该病。病斑最先在嫩叶上发生，初期呈透明水浸状小点，后变为黄色，病斑中央出现红色小点，后期病斑变成红褐色，周围有黄晕，与眼斑病不同，没有坏死病条。发病严重时，条斑合并成大斑块，使叶片提早干枯，甘蔗生长受抑制，叶片减少，植株矮小，造成减产。目前对甘蔗褐条病病原菌分离鉴定、栽培防护病害以及选育抗褐条病甘蔗品种等取得不错的成果。

六、甘蔗锈病

甘蔗褐锈病（图 8-5）的病原菌是来源于黑顶柄锈菌，属于真菌性病害。感病初期为长形黄色小斑点，色泽变褐色或橙褐色，周围有黄色晕环。后期病斑因夏孢子堆呈脓疱状，最后病斑变黑色，叶片组织坏死。田间病株残叶和其他中间寄主是主要侵染来源。甘蔗抗褐锈病主效基因 Bru1 在栽培品种 R570 上发现和定位的，已被证明对世界上不同地区的褐锈病柄锈菌都具有抗性。开发出了与 Bru1 基因紧密连锁的分子标记。

图 8-5　甘蔗锈病

七、甘蔗梢腐病

甘蔗梢腐病（图 8-6）属真菌性病害，中间寄主甚多，甘蔗梢腐病在各蔗区均有发生。梢腐病主要危害甘蔗梢部的幼嫩叶片，常常造成叶片黄化、卷曲、畸形等症状，严重者还会出现枯萎和腐烂现象，整棵植株停止生长，给甘蔗造成产量损失和品质下降。近年来，对甘蔗梢腐病的综合防控、甘蔗梢腐病病原种类研究以及甘蔗梢腐病基因的转化敲除研究等多方面都有很大进展。

图 8-6　甘蔗梢腐病

八、甘蔗细胞学研究

细胞学是在显微水平上研究细胞的化学组成、结构与功能的学科。细胞学本质上是形态学的分支（因为显微程度停留在光镜水平，很多研究都只能停留在形态上，而不能深入到分子机理等）。核型分析（临床上也常称"染色体检查"）的全称是染色体核型分析。"核型"则是指一个体细胞内的全部染色体按其大小、形态特征排列起来构成的图像，有助于检测遗传和染色体异常。

甘蔗属的遗传背景极其复杂，最早有关甘蔗染色体核型研究，是布雷默（Bremer）和斯瑞尼瓦森（Sreenivasan）博士用经典细胞学方法确认了热带种的染色体数目为 $2n=80$，当初也发现了染色体数目不是 $2n=80$ 的无性系。开始普赖斯（Price）认为甘蔗杂交后代热带种与割手密不发生重组。1996 年，安热莉克-德洪（Angélique D'Hont）利用 GISH 技术研究栽培种 R570（$2n≈115$），发现该品种有约 10%的热带种和割手密的重组染色体[9]。2002 年，安热莉克-德洪利用基因组原位杂交技揭示了中国种和印度种都是由热带种与割手密种种间杂交产生[10]。2004年，夸德拉多（Cuadrado）利用基因组原位杂交技术，证实了栽培种中存在染色体交换导致的染色体重组。2020 年皮珀里迪斯（Piperidis）结合 oligo-FISH 与 GISH 技术，研究了现代甘蔗品种及其亲本代表种的基因组结构，证实了热带种的染色体基数为 10，并推测割手密经过染色体融合后，基数从 10 到 9 再到 8 的逐步演化[11]。目前利用 oligo-FISH 技术已识别了热带种和割手密染色体。此外张积森课题组对栽培甘蔗 ROC22、近缘物种蔗茅、斑茅、滇蔗茅利用 oligo-FISH 技术进行染色体识别。目前，国内外对甘蔗及其近缘物种的细胞学研究主要在染色体计数上，进行核型分析的研究报道较少。

九、甘蔗基因组研究

基因组是指一个生物体内所有遗传物质的总和，对于含有线粒体或者叶绿体等结构的生物来说，还包括其中的环状 DNA，人类的基因组包括细胞核基因组 3286Mbp，人类属于二倍体物种，而甘蔗是多倍体物种（4 倍体、8 倍体甚至 16 倍体），那它们的基因组又有多大呢？

张积森等通过对大量的不同品种以及不同倍性甘蔗样品的核 DNA 含量进行研究，测定热带种基因组大小为 7.50Gbp～8.55Gbp，大茎野生种 7.56Gbp～11.78Gbp，割手密的基因组大小为 3.36Gbp～12.64Gbp[12]。而其他三个物种中国种、印度种、食穗种和现代甘蔗都是属于种间杂交种，它们的基因组大小则取决于亲本杂交代数。张积森等于 2016 年利用 BAC 测序组装出大约 19Mbp 的甘蔗基因组；2018 年，现代栽培种 R570 基于 BAC 的单倍体基因组发表，未达到染色体水平[13]。同年，明瑞光课题组张积森发表割手密 SES208 的花药离体培养的单倍型 AP85-441 基因组，组装出 32 条染色体，全球首次破译甘蔗基因组，被审稿人分别评价为"里程碑"式的工作（"It is without any doubt that this work is a milestone for sugarcane research but is also providing important new knowledge-base for grass comparative genomics and evolution studies."）和甘蔗基础研究领域的"一大笔贡献"（"The MS is a great piece of contribution"）[14]。这项工作为甘蔗的分子生物学研究奠定了坚实的基础。被选为 2018 年 11 月期封面文章，研究内容成为官方网站的背景。2019 年巴西栽培品种 SP80-3280 被组装挂载，此时现在栽培品种仍未被组装到染色体水平。2022 年，染色体基数为 10 的割手密，被张积森课题组组装到 40 条染色体[15]，同年甘蔗栽培种 KhonKaen3 基因组被组装[16]，虽组装到染色体水平，但只装了 56 条染色体，离核型分析的染色体数目相差仍很大。2023 年张积森课题组发表甘蔗近缘二倍体蔗茅的基因组，得到一个"T2T"完整基因组，是甘蔗基因组学领域的又一大突破[17]。

本章作者：王天友　张积森

本章参考文献

[1] Cursi D E, Hoffmann H P, Barbosa G V S, et al. History and Current Status of Sugarcane Breeding, Germplasm Development and Molecular Genetics in Brazil [J]. Sugar Tech, 2021, 24（1）: 112-133.

[2] Aitken K S. History and Development of Molecular Markers for Sugarcane Breeding [J]. Sugar Tech, 2021, 24（1）: 341-353.

[3] Babu, K.H. et al. Sugarcane Transgenics Developments and Opportunities [M]. Singapore: Springer 2021.

[4] Genetically modified sugarcane developed by CTC in Brazil is approved at CTNBio [EB/OL]. https: //ctc.com.br/en/genetically-modified-sugarcane-developed-by-ctc-in-brazil-is-approved-at-ctnbio-2/[2022-11-30].

[5]胡水凤.转基因技术在我国现代农业和甘蔗产业中的应用[J].广西糖业,2022,（06）：1-4.

[6][1]鲁国东,黎常窗,潘崇忠,等.中国甘蔗病害名录[J].甘蔗,1997,（04）：19-23.

[7]Comstock J C, Saumtally A S, Rott P, et al. A guide to sugarcane diseases[M]. Quae, 2004.

[8]王长秘,李婕,张荣跃,等.甘蔗黑穗病研究进展[J].中国糖料,2021,43（02）：65-70.

[9]D'Hont A, Grivet L, Feldmann P, et al. Characterisation of the double genome structure of modern sugarcane cultivars（Saccharum spp.）by molecular cytogenetics [J]. Molecular and General Genetics MGG, 1996, 250（4）: 405-413.

[10]D'Hont A, Paulet F, Glaszmann J C. Oligoclonal interspecific origin of 'North Indian' and 'Chinese' sugarcanes [J]. Chromosome Research, 2002, 10: 253-262.

[11]丁雪儿,侯潇,邓祖湖.甘蔗染色体遗传研究进展[J].亚热带农业研究,2021,17（04）：238-243.

[12]Zhang J, Nagai C, Yu Q, et al. Genome size variation in three Saccharum species [J]. Euphytica, 2012, 185（3）: 511-519.

[13]Okura V K, de Souza R S, de Siqueira Tada S F, et al. BAC-Pool Sequencing and Assembly of 19 Mb of the Complex Sugarcane Genome [J]. Frontiers in plant science, 2016, 7: 342.

[14]Zhang J, Zhang X, Tang H, et al. Allele-defined genome of the autopolyploid sugarcane Saccharum spontaneum L [J]. Nat Genetics, 2018, 50（11）: 1565-1573.

[15]Zhang Q, Qi Y, Pan H, et al. Genomic insights into the recent chromosome reduction of autopolyploid sugarcane Saccharum spontaneum [J]. Nature Genet, 2022, 54（6）: 885-896.

[16]Shearman J R, Pootakham W, Sonthirod C, et al. A draft chromosome-scale genome assembly of a commercial sugarcane [J]. Scientific Reports, 2022, 12（1）: 20474.

[17]Wang T, Wang B, Hua X, et al. A complete gap-free diploid genome in Saccharum complex and the genomic footprints of evolution in the highly polyploid Saccharum genus [J]. Nature Plants, 2023, 9（4）: 554-571.

附录
甘蔗研究机构

目前，国际上和国内有许多甘蔗研究机构。这些机构的科研人员培育了许多不同品种的甘蔗。这些不同品种的甘蔗有各自的特点，能够适应不同的生长环境，或根据其特点用于不同用途。

附表一　国外甘蔗科研机构和甘蔗主栽品种[1]

国家	甘蔗研究机构	主栽品种	品种特性
巴西（Brazil）[2]	巴西甘蔗品种技术中心（Centro de Tecnologia Canavieira，CTC）、坎皮纳斯农学研究所（Agronomic Institute of Campinas，IAC）、糖酒研究所（Sugar and Alcohol Institute，IAA）、甘蔗产业发展跨大学网络（Inter-university Network for the Development of the Sugarcane Industry，RIDESA）、BioVertis/GranBio	RB867515	中晚熟；产量高；在贫瘠土壤中表现优异；抗橙锈病、褐锈病、黑穗病、花叶病、白条病、宿根矮化病
		RB966928	早熟；蔗茎产量高；可机械化种植和收获；抗橙锈病、褐锈病、黑穗病、花叶病、白条病、宿根矮化病
		SP81-33250	中熟；蔗糖含量高；中抗橙锈病；抗褐锈病、黑穗病、花叶病、白条病、宿根矮化病
		RB92579	中熟；蔗茎产量高；灌溉区生长良好；中抗橙锈病；抗褐锈病、黑穗病、花叶病、白条病、宿根矮化病
		RB855156	极早熟；极难开花；含糖量高；宿根性极好；抗黑穗病、褐锈病、花叶病、白条病、宿根矮化病；中抗橙锈病
		RB855453	中早熟；极难开花；蔗糖含量高；直立；抗橙锈病、褐锈病、黑穗病、花叶病；中抗白条病、宿根矮化病
印度（India）[3]	印度农业研究理事会-甘蔗育种研究所（Indian Council of Agriculture Research-Sugarcane Breeding Institute，ICAR-SBI）、印度甘蔗研究所（Indian Institute of Sugarcane Research，IISR）	Co0238	适应亚热带；蔗糖含量高；蔗茎产量高；早熟；不开花；不倒伏；中抗赤腐病；抗黑穗病；耐旱；宿根性好
		Co86032	适应亚热带；蔗糖含量高；蔗茎产量高；中晚熟；开花少；不倒伏；感赤腐病；抗黑穗病；耐旱；宿根性好
		CoA92082	适应亚热带；蔗糖含量高；蔗茎产量高；早熟；开花少；不倒伏；中抗赤腐病；高感黑穗病；耐旱；宿根性好
		CoM0265	适应亚热带；蔗糖含量高；蔗茎产量高；中晚熟；开花少；倒伏；中抗赤腐病、黑穗病；耐旱；宿根性非常好
		CoS767	适应亚热带；蔗糖含量高；蔗茎产量高；中晚熟；开花；倒伏；高感赤腐病、抗黑穗病；耐旱；宿根性好
		CoS8436	适应亚热带；蔗糖含量高；蔗茎产量高；中晚熟；开花；高感赤腐病、抗黑穗病；易受干旱影响；宿根性好
		CoSe92423	适应亚热带；蔗糖含量高；蔗茎产量高；中晚熟；开花；不倒伏；中抗赤腐病、黑穗病；耐旱；宿根性好

续表

国家	甘蔗研究机构	主栽品种	品种特性
巴基斯坦 (Pakistan)[4]	费萨尔巴德甘蔗研究所（Sugarcane Research Institute Faisalabad）、糖料作物研究所（Sugar Crops Research Institute, SCRI）、国家糖和热带园艺研究所（National Sugar and Tropical Horticulture Research Institute, NSTHRI）	HSF240	适于亚热带，中等产量，中熟，不倒伏，耐旱和霜冻，中抗赤腐病，抗锈病，高感黑穗病、抗宿根矮化病、褐条病
		SPF234	高产，中熟，抗倒伏，含糖量高，高感赤腐病、锈病、黑穗病、宿根矮化病、褐条病
		NSG59	适应性强，种植面积增加，产量、蔗糖含量高，宿根性好，不易倒伏，耐旱和霜冻，抗赤腐病、黑穗病、宿根矮化病、褐条病，中抗锈病
		CP77-400	中等产量，含糖量高，种植面积下降，抗倒伏、霜冻，中抗赤腐病、宿根矮化病，抗锈病、黑穗病、褐条病
		SPSG26	高产，宿根性不好，易倒伏，种植面积下降，不开花，成熟度中等，抗赤腐病、宿根矮化病、褐条病，感黑穗病
		CPF246	高产，含糖量中等，对螟虫高感，中抗赤腐病、抗锈病、黑穗病、宿根矮化病、褐条病
		SPSG394	高产，含糖量高，早熟，抗倒伏，种植面积增加，宿根性好，不开花，耐旱和霜冻，中感赤腐病，抗锈病、黑穗病、宿根矮化病、褐条病
		CP43-33	中等产量，含糖量高，种植面积下降，中抗赤腐病、抗锈病、黑穗病、宿根矮化病、褐条病
		CPF237	中等产量，含糖量高，种植面积下降，抗倒伏，耐旱，中抗赤腐病、黑穗病，感锈病，抗宿根矮化病、褐条病
		SPF213	中等产量，含糖量中等，种植面积下降，对害虫（白蝇和小球虫）高度敏感，中抗赤腐病、黑穗病，抗锈病、宿根矮化病、褐条病
		NSG-555	高产，含糖量高，早熟，开花稀少，再生能力中等，抗赤腐病、锈病、宿根矮化病、褐条病，中抗黑穗病
		CP72-2086	高产，晚熟，易倒伏，种植面积下降，抗赤腐病、锈病、宿根矮化病、褐条病，中抗黑穗病
		NCo310	中等产量，含糖量高，种植面积下降，宿根性好，抗倒伏，中抗赤腐病、黑穗病，抗锈病、宿根矮化病、褐条病
		CPF250	中等产量，含糖量高，茎秆脆，易倒伏，中抗赤腐病、抗锈病、宿根矮化病、褐条病、黑穗病
		CPF248	高产，中熟，抗倒伏，易受粉虱侵害，抗赤腐病、锈病、黑穗病、宿根矮化病、感褐条病

续表

国家	甘蔗研究机构	主栽品种	品种特性
巴基斯坦（Pakistan）[4]	费萨尔巴德甘蔗研究所（Sugarcane Research Institute Faisalabad）、糖料作物研究所（Sugar Crops Research Institute，SCRI）、国家糖和热带园艺研究所（National Sugar and Tropical Horticulture Research Institute，NSTHRI）	CSSG2453	高产，早熟，含糖量高，优异的宿根性，抗倒伏，耐旱和霜冻，抗赤腐病、锈病、宿根矮化病、褐条病
		CPSG3481	适应亚热带，种植面积增加，早期含糖量高，开花，抗倒伏，丰产和宿根性好，耐旱和霜冻，抗赤腐病、黑穗病、锈病、宿根矮化病、褐条病
		CSSG239	宿根性好，适应性强，种植面积增加，早期含糖量高，不开花，不滞留，耐旱和霜冻，抗赤腐病、锈病、宿根矮化病、褐条病，中抗黑穗病
		CPSG437	适应亚热带，抗倒伏，高产量，早熟，含糖量高，耐旱和霜冻，宿根性好，中抗赤腐病、褐条病，抗锈病、黑穗病、宿根矮化病
		NSG197	在亚热带适应性强，高产量，含糖量高，宿根性好，不倒伏，开花量大，耐旱和霜冻，抗赤腐病、锈病、宿根矮化病、褐条病，中抗黑穗病
		CPSG25	高产，成熟期早，含糖量高，抗倒伏，适应性强，开花稀疏，宿根性好，耐旱和霜冻，抗赤腐病、黑穗病、锈病、宿根矮化病、褐条病
		HoSG315	适应性强，产量高，早期含糖量高，抗倒伏，不开花，耐旱和霜冻，抗螟虫、赤腐病、黑穗病、锈病、宿根矮化病，中感褐条病
泰国（Tailand）[5]	卡赛萨特大学甘蔗糖业研究中心（Office of Cane and Sugar Board，OCSB）、农业部（Department of Agriculture，DOA）、孔敬大田作物研究中心（Khon Kaen Field Crops Research Center）、那空沙旺大田作物研究中心（Nakhon Sawan Field Crops Research Center，NSFCRC）、素攀武里大田作物研究中心（Suphan Buri Field Crops Research Center，SPFCRC）、Mitr Phol 创新研究中心（MitrPhol Innovation &Research Center-MitrPhol group）	KK3	蔗茎含量高，糖含量高，分蘖性好，叶鞘疏松，不易开花；严重干旱宿根性不好；中抗黑穗病和赤腐病
		LK-92-11	蔗茎含量高，糖含量高，分蘖性好，宿根性好，灌溉区生长好，对壤土和黏土适应性一样，易受干旱胁迫，抗赤腐病，花梗较少
		U-Thong12	蔗茎含量高，糖含量高，无花，适合有灌溉条件的地区；易受干旱影响，抗黑穗病、赤腐病
		U-Thong5	蔗茎含量高，糖含量高，宿根性好，开花早
		K99-72	蔗茎含量高，糖含量高，花少，适宜有灌溉条件的地区；茎秆脆，易受干旱影响，抗黑穗病、赤腐病
		K88-92	蔗茎含量高，糖含量低，耐旱，花少；种植条件良好，抗黑穗病、赤腐病
		K95-84	蔗茎含量高，糖含量低，耐旱，花少；茎秆大，分蘖情况不好，抗黑穗病、赤腐病

续表

国家	甘蔗研究机构	主栽品种	品种特性
墨西哥（Mexico）[6]	甘蔗研发中心（Centro de Investigación y Desarrollo de la Caña de Azúcar，CIDCA）	Mex69-290	抗黄锈病、褐锈病、黑穗病、白条病、花叶病，开花稀少，中熟
		Mex79-431	抗黄锈病、褐锈病、黑穗病、白条病、花叶病，开花规则，中熟
		ITV92-1424	抗黄锈病、褐锈病、黑穗病、白条病、花叶病，中熟，开花多
		Mex68-P-23	抗黄锈病、褐锈病、黑穗病、白条病、花叶病，中熟，不开花
		Mex68-1345	抗黄锈病、褐锈病、黑穗病、白条病、花叶病，中熟，开花规则
		Mex57-473	抗黄锈病、褐锈病、黑穗病、白条病、花叶病，成熟期中等，开花稀少
印度尼西亚（Indonesia）[7]	印度尼西亚糖业研究所（Indonesian Sugar Research Institute，ISRI）、PT 古农马杜种植园（PT Gunung Madu Plantation，PTGMP）、苏科萨里研究中心（Sukosari Research Center of PTPN XI）、Jengkol 糖研究中心（Jengkol Sugar Research Centre of PTPN X）、甘蔗糖料和纤维作物研究所（Indonesian Sweeteners and Fiber Crops Research Institute，ISFCRI）	KENTHUNG	本地品种，中等发芽力，中等茎密度，极少开花，早中熟，对顶钻和茎钻虫害有耐受性，抗白条病、梢腐病、黑穗病、花叶病，适合非灌区和土壤水分充足的土壤类型
		KK	产自爪哇岛，快速出苗，中等茎密度，零星开花，中后期成熟，宿根性良好，抗钻心虫、白条病、梢腐病、黑穗病，适合灌区和非灌区，土壤类型有地中海型、坎比索尔型、冲积型和胶土型
		PS851	中等发芽能力，中等茎密度，不开花，中熟，宿根性良好，对顶钻和茎钻虫害有耐受性，抗花叶病和白条病，高感梢腐病，适合冲积型的灌区和非灌区
		PS862	中等发芽能力，早中熟品种，宿根性良好，对顶钻和茎钻虫害有耐受性，抗花叶病和白条病，高感梢腐病，适合冲积型和地中海型的灌区和非灌区
		PS864	发芽能力良好，高茎密度，零星开花，中后期成熟，宿根性良好，中抗顶钻和茎钻虫害，抗花叶病、梢腐病、白条病，中抗黑穗病，适合冲积型的灌区和非灌区
		PS881	中等发芽能力，中等茎密度，开花率中等，早熟，对顶钻和茎钻虫害有耐受性，抗花叶病、叶枯病、白条病、黑穗病，适合潜育土、变性土和超育土的非灌区
		PS882	中等发芽能力，中等茎密度，零星开花，早中熟，对顶钻和茎钻虫害有耐受性，抗花叶病、叶枯病、白条病、黑穗病，适合冻融土、变性土和软土的非灌区
		PSDK923	中等发芽能力，生长速度快，高茎密度，零星开花，中后期成熟，对茎螟有抗性，对顶螟耐受，抗梢腐病、花叶病、白条病、黑穗病，适合湿土
		PSJT941	发芽能力良好，高茎密度，不开花，中熟，宿根性良好，抗顶钻和茎钻虫害，抗白条病、黑穗病，适合湿土类的灌区和非灌区

续表

国家	甘蔗研究机构	主栽品种	品种特性
印度尼西亚(Indonesia)[7]	印度尼西亚糖业研究所（Indonesian Sugar Research Institute，ISRI）、PT 古农马杜种植园（PT Gunung Madu Plantation，PTGMP）、苏科萨里研究中心（Sukosari Research Center of PTPN XI）、Jengkol 糖研究中心（Jengkol Sugar Research Centre of PTPN X）、甘蔗糖料和纤维作物研究所（Indonesian Sweeteners and Fiber Crops Research Institute，ISFCRI）	VMC76-16	自菲律宾引入，快速发芽，中等发芽能力，中等茎密度，不开花，早中熟，对顶钻和茎钻虫害耐受，抗梢腐病、花叶病、黑穗病，适合红土和腐殖质土的灌区和非灌区，耐旱，耐涝性差
		VMC86-550	自菲律宾引入，中等发芽能力，中等茎密度，不开花，早熟，中等宿根性，对顶钻和茎钻虫害耐受，抗梢腐病、花叶病、白条病，适合冲积型和中间型土壤的灌溉区
		Bululawang (BL)	引进品种，至今在各地仍有良好表现；出苗慢；鲜少及时开花；中后期成熟；易受茎钻心虫侵害；高感白条病，中抗梢腐病，抗黑穗病和花叶病；适宜壤性砂土地区，可在排水良好的细砂土生长
澳大利亚(Australia)[8]	澳大利亚糖业研究公司（Sugar Research Australia，SRA）、澳大利亚联邦科学与工业研究组织（CSIRO）	Q28	广泛适应性；抗褐锈病、褪绿条纹病、白条病、花叶病、橙锈病、赤腐病、黑穗病；高感斐济叶瘿
		KQ228	早期含糖量高；抗褐锈病、白条病、花叶病、赤腐病、黑穗病；中抗斐济叶瘿；高感宿根矮化病
		Q200	中后期含糖量高；抗褐锈病、褪绿条纹病、白条病、花叶病、橙锈病、赤腐病、黑穗病、宿根矮化病、黄斑病；中抗斐济叶瘿
		Q183	难开花；抗褐锈病、斐济叶瘿、花叶病、橙锈病、黑穗病；中抗白条病、宿根矮化病、黄斑病
		Q232	大量开花；抗褪绿条纹病、白条病、花叶病、橙锈病、赤腐病、黑穗病；中抗斐济叶瘿、宿根矮化病
		Q138	难开花，含糖量低；抗褐锈病、褪绿条纹病、斐济叶瘿、白条病、橙锈病；中抗褪绿条纹病、黄斑病；高感花叶病、赤腐病、宿根矮化病、黑穗病
		Q226	退化；抗斐济叶瘿、白条病、花叶病、橙锈病、赤腐病、黑穗病；中抗宿根矮化病；高感褐锈病
		MQ239	含糖量低；抗白条病、赤腐病、宿根矮化病、黑穗病；高感斐济叶瘿
		Q186	抗褐锈病、斐济叶瘿、白条病、花叶病、橙锈病、赤腐病、宿根矮化病；高感黑穗病、黄斑病
		Q231	早期含糖量高；抗白条病、花叶病、橙锈病、赤腐病、宿根矮化病、黑穗病；中抗黄斑病；高感斐济叶瘿
		Q240	高产，高糖含量；抗褪绿条纹病、白条病、花叶病、橙锈病、赤腐病、宿根矮化病、黑穗病；高感斐济叶瘿
		Q242	高产，中后期含糖量适度；抗斐济叶瘿、白条病、花叶病、橙锈病、赤腐病；中抗褪绿条纹病、黑穗病；高感宿根矮化病

续表

国家	甘蔗研究机构	主栽品种	品种特性
澳大利亚（Australia）[8]	澳大利亚糖业研究公司（Sugar Research Australia，SRA）、澳大利亚联邦科学与工业研究组织（CSIRO）	Q249	中高产，含糖量适度；抗斐济叶瘿、白条病、花叶病、赤腐病、黑穗病
		Q250	中高含糖量；抗白条病、花叶病、赤腐病、黑穗病；高感斐济叶瘿
		Q252	含糖量高，大量开花；抗白条病、花叶病、赤腐病；中抗黑穗病
		Q237	早期含糖量高；抗花叶病；中抗斐济叶瘿、赤腐病、宿根矮化病、黑穗病
		Q238	高产，高含糖量；抗斐济叶瘿、白条病、花叶病、橙锈病、赤腐病、黑穗病；中抗宿根矮化病；高感褪绿绿条条纹病
美国（USA）[9]	美国农业部运河点甘蔗田间试验站（USDA-ARS Sugarcane Field Station）、美国农业部荷马甘蔗试验站（USDA-ARS Sugarcane Research Unit）、路易斯安那州立大学农业研究中心（Louisiana State University Agricultural Center，LSUAC）、夏威夷农业研究中心（Hawaii Agriculture Research Center，HARC）	HoCP96-540	蔗茎含量高，含糖量高，糖回收率适中；抗花叶病、黑穗病、白条病、褐锈病、黄锈病；抗甘蔗蛀虫；抗寒性好
		CP89-2143	蔗茎含量适中，含糖量高；感黄锈病、黄叶病、宿根矮化病；抗黑穗病、褐锈病、白条病；不开花
		L99-226	蔗茎含量适中，含糖量高，糖回收率高；抗花叶病、黄锈病、高感黑穗病、白条病、褐锈病；抗甘蔗蛀虫；抗寒性差
		CP00-1101	蔗茎含量适中，含糖量高；高感黄锈病、黄叶病；抗褐锈病、黑穗病、白条病、花叶病、宿根矮化病；不开花
		CP88-1762	蔗茎含量高，含糖量低，高感褐锈病、黄锈病；感黑穗病；抗白条病、花叶病、宿根矮化病、黄叶病；不开花
		L01-299	蔗茎含量高，含糖量高，糖回收率适中；高感黑穗病、白条病；抗褐锈病、花叶病、橘锈病；抗甘蔗蛀虫；抗寒性好
		CP96-1252	蔗茎含量高，含糖量适中；高感褐锈病、黄叶病；抗黄锈病、黑穗病、白条病、花叶病、宿根矮化病；开花多
		CL88-4730	感褐锈病、黄锈病、黄叶病；抗黑穗病、白条病、花叶病；对宿根矮化病抗性未知；中度开花
		CP01-1372	蔗茎含量高，含糖量高；抗褐锈病、黑穗病、白条病、黄叶病；中抗花叶病、宿根矮化病；不开花
		L01-283	蔗茎含量适中，含糖量高，糖回收率高；抗花叶病、黄锈病、黑穗病、白条病；高感褐锈病；中抗甘蔗蛀虫；抗寒性好
		HoCP00-950	蔗茎含量适中，含糖量高，糖回收率好；抗花叶病、黑穗病、褐锈病、黄锈病；中抗白条病；感螟虫；抗寒性中等
		L03-371	蔗茎含量高，含糖量高，糖回收率好；抗花叶病、黑穗病、白条病、黄锈病；中抗褐锈病；感螟虫；抗寒性差
		HoCP04-838	蔗茎含量高，含糖量高，糖回收率适中；抗花叶病、黑穗病、白条病、褐锈病、黄锈病；抗甘蔗蛀虫；抗寒性好

续表

国家	甘蔗研究机构	主栽品种	品种特性
危地马拉 (Guatemala) [10]	危地马拉甘蔗研究和培训中心（Centro Guatemalteco de Investigación y Capacitacion de la caña de azúcar，CENGICAÑA）	CP72-2086	糖产量中等；糖含量中等；蔗茎产量中等；开花多；高抗黑穗病、白条病、棕锈病；高感花叶病、黄锈病
		CP73-1547	糖产量高；糖含量高；蔗茎产量中等；开花率高；高抗黑穗病；中抗白条病；抗花叶病、褐锈病、黄锈病
		CP88-1165	糖产量中等；糖含量低；蔗茎产量高；开花率高；高抗黑穗病、白条病；抗花叶病、褐锈病、黄锈病；高感凋萎病、紫斑病
		CG98-78	糖产量高；糖含量中等；蔗茎产量高；开花多；高抗黑穗病；感白条病；抗花叶病、褐锈病；中抗黄锈病
		Mex79-431	糖产量中等；糖含量中等；蔗茎产量中等；开花中等；高抗黑穗病、白条病；抗花叶病、褐锈病、黄锈病
		CG98-10	糖产量中等；糖含量中等；蔗茎产量中等；不开花；高抗黑穗病、白条病；抗花叶病、褐锈病、黄锈病
		SP71-6161	糖产量中等；糖含量中等；蔗茎产量中等；不开花；高抗黑穗病、白条病、棕锈病、黄锈病；抗花叶病
		SP79-1287	糖产量中等；糖含量低；蔗茎产量高；不开花；高抗黑穗病、白条病、褐锈病、黄锈病；抗花叶病
		CG98-46	糖产量高；糖含量高；蔗茎产量高；开花多；高抗黑穗病、白条病；抗花叶病、棕锈病；感黄锈病
		RB73-2577	糖产量中等；糖含量低；蔗茎产量高；不开花；高抗黑穗病、白条病；抗花叶病、褐锈病、黄锈病
		CG00-102	糖产量中等；糖含量中等；蔗茎产量中等；不开花；高抗黑穗病、白条病、花叶病；抗黄锈病；感棕锈病
菲律宾 (Philippines) [11]	菲律宾糖业研究所基金会（Philippine Sugar Research Institute Foundation，Inc.，PHILSURIN）、糖业监管局（Sugar Regulatory Administration，SRA）、菲律宾大学洛斯巴尼斯植物育种研究所（Institute of Plant Breeding，University of the Philippines，Los Baños，IPB-UPLB）	VMC84-524	中抗黄锈病；高抗环斑病；抗赤腐病和轻微的蓟马侵害；分蘖高；生长快；毛多
		VMC86-550	感黑穗病、霜霉病、黄叶病；抗黄斑病、锈病；易受虫害
		Phil80-13	低至中等分蘖；生长速度快；能适应多种不同的土壤和天气类型；不能抽雄
		VMC84-947	高感梢腐病；抗黄斑病；产量高；分蘖多；半自主脱叶；不能抽雄；含糖量中等；开花稀少；成熟期11~12月
		VMC71-39	感黑穗病；抗环斑病；大量开花；较甜；茎秆十分粗壮；中度生长速度；直立；是甘蔗杂交的良好抗病源；产量中等；发芽率中等；宿根性好

续表

国家	甘蔗研究机构	主栽品种	品种特性
菲律宾 (Philippines)[1]	菲律宾糖业研究所基金会（Philippine Sugar Research Institute Foundation, Inc., PHILSURIN）、糖业监管局（Sugar Regulatory Administration, SRA）、菲律宾大学洛斯巴尼斯植物育种研究所（Institute of Plant Breeding, University of the Philippines, Los Baños, IPB-UPLB）	VMC88-354	高感霜霉病；易受鼠害；抗花叶病；茎秆高；中大茎；含糖量高；生长快；分蘖较多；自主脱叶；不能抽雄；产量高；发芽情况良好
		PSR00-161	高抗环斑病；高感黄叶病；含糖量中高；小茎且茎秆高；能自主脱叶；产量高，发芽良好，生长迅速
		PSR00-343	高抗黑穗病、霜霉病、锈病、黄斑病、梢腐病、环斑病；对中脉的赤腐病抵抗力极强
		Phil75-44	抗黑穗病；高感霜霉病；宿根性好；生长迅速
		VMC87-599	抵抗所有病害；含糖量中高；生长快速；茎秆有直立和斜倚；自主脱叶；不能抽雄；分蘖低；叶片直立
		PSR01-105	中抗黑穗病、黄斑病；抗锈病；抗霜霉病；高抗白条病；中高产；含糖量中等
		PSR01-136	中抗黑穗病、霜霉病、黄斑病；抗锈病、梢腐病；中高产；含糖量中高
		PSR02-247	中抗黑穗病、霜霉病、锈病、黄斑病；抗梢腐病；中高产；含糖量高
哥伦比亚 (Colombia)[1]	哥伦比亚甘蔗研究中心（Colombian Sugar Cane Research Center, Cenicaña）	CC85-92	蔗茎产量高，含糖量中等；脱叶性中等；适应半干旱地区；抗橙锈病、黑穗病、花叶病、黄叶病；高感褐锈病、宿根矮化病、白条病
		CC93-4418	蔗茎产量非常高；蔗糖含量高；高脱叶性；适应半干旱地区；抗褐锈病、橙锈病、黑穗病、花叶病、黄叶病、宿根矮化病
		CC01-1940	蔗茎产量非常高；蔗糖含量中等；高脱叶性；适应潮湿地区、有良好排水性地区；抗橙锈病、褐锈病、黑穗病、花叶病、宿根矮化病；高感黄叶病
		CC84-75	蔗茎产量高，含糖量中等；脱叶性中等；适应潮湿地区；抗橙锈病、黑穗病、花叶病、宿根矮化病；高感褐锈病、黄叶病、白条病
		SP71-6949	蔗茎产量非常高；蔗糖含量低；高脱叶性；适应潮湿丘陵地带；抗橙锈病、黑穗病、花叶病；高感褐锈病、黄叶病
		CC01-1228	蔗茎产量非常高；蔗糖含量中等；脱叶性中等；适应半干旱地区；抗橙锈病、黑穗病、花叶病、黄叶病、白条病；中抗褐锈病
		CC93-4181	蔗茎产量高，含糖量高；高脱叶性；适应半干旱地区；抗橙锈病、褐锈病、黑穗病、花叶病
		V71-51	蔗茎产量中等；产糖量中等；脱叶性中等；适应半干旱地区；抗橙锈病、黑穗病、花叶病、黄叶病、白条病、宿根矮化病

续表

国家	甘蔗研究机构	主栽品种	品种特性
哥伦比亚（Colombia）[1]	哥伦比亚甘蔗研究中心（Colombian Sugar Cane Research Center, Cenicaña）	PR61-632	蔗茎产量高；产糖量低；脱叶性中等；适应半干旱地区；抗橙锈病、褐锈病、黑穗病、花叶病、黄叶病、白条病、宿根矮化病
		CC98-72	蔗茎产量非常高；蔗糖含量中等；脱叶性中等；适应半干旱地区；抗橙锈病、黑穗病、花叶病、宿根矮化病、黄叶病、白条病；中抗褐锈病
		CC93-3826	蔗茎产量中等；产糖量高；高脱叶性；适应半干旱地区；抗橙锈病、褐锈病、黑穗病、花叶病、宿根矮化病、黄叶病、白条病
		CC92-2198	蔗茎产量高，含糖量中等；脱叶性中等；适应半干旱地区；抗橙锈病、褐锈病、黑穗病、花叶病、黄叶病、白条病
		CC97-7170	蔗茎产量非常高；蔗糖含量高；高脱叶性；适应半干旱地区；抗褐锈病、黑穗病、花叶病、黄叶病、白条病；高感橙锈病
阿根廷（Argentia）[12]	Estación Experimental Agroindustrial Obispo Colombres（EEAOC）、Instituto Nacional de Tecnología Agropecuaria（INTA）、Chacra Experimental Agrícola Santa Rosa（Chacra）	LCP85-384	蔗茎产量高；含糖量高；早熟；纤维含量中等；开花中等；高感白条病、褐锈病；中抗黑穗病、花叶病、褐条病
		TUC77-42	蔗茎产量高；含糖量高；中熟；纤维含量中等；开花较多；抗黑穗病、花叶病、褐条病；高感白条病、褐锈病
		RA87-3	蔗茎产量中等；含糖量高；中熟；纤维含量高；开花中等
		NA97-3152	蔗茎产量高；含糖量高；中晚熟；纤维含量中等；开花少；抗黑穗病、褐条病；高感白条病、褐锈病、花叶病
		NA90-1001	产量高；蔗糖含量中等；中晚熟；纤维含量中等；开花中等；高感穗病、白条病、褐锈病；中抗花叶病、褐条病
		CP70-1133	蔗茎产量高；蔗糖含量中等；中熟；纤维含量中等；开花少；高感花叶病
		NA96-2929	蔗茎产量高；蔗糖含量中等；中晚熟；纤维含量高；纤维含量高；开花多；高感穗病、白条病、褐锈病、褐条病；中抗花叶病
南非（South Africa）[13]	南非甘蔗研究所（South African Sugarcane Research Institute, SASRI）	N12	宿根性良好；中抗黑穗病、花叶病；高感宿根矮化病；抗锈病、白条病；抗茎螟
		N39	贫瘠土壤产量良好；高感黑穗病；中抗花叶病、宿根矮化病、锈病；抗白条病；抗茎螟
		N25	蔗茎产量高；晚熟；早期糖分低；中抗黑穗病、花叶病；高感宿根矮化病；抗锈病、白条病；中抗茎螟
		N27	蔗茎和糖产量高；抗黑穗病、花叶病、白条病；中抗宿根矮化病、锈病；高感茎螟
		N19	早熟；抗黑穗病、锈病；感花叶病、宿根矮化病；高抗白条病；感茎螟

续表

国家	甘蔗研究机构	主栽品种	品种特性
南非(South Africa) [13]	南非甘蔗研究所(South African Sugarcane Research Institute, SASRI)	N36	中抗黑穗病、镶纹病、白条病；高感宿根矮化病；抗锈病；中感茎螟
		N31	产量高；蔗糖含量低；适合砂质土壤；高感宿根矮化病、黑穗病；中抗锈病、花叶病；抗白条病；中抗茎螟
		N55	蔗茎产量高，含糖量高；抗倒伏；中抗黑穗病、花叶病、宿根矮化病；抗锈病、白条病；中抗茎螟
		N56	蔗茎产量高；含糖量高；中抗黑穗病、花叶病；抗锈病、白条病；抗茎螟
		N57	蔗茎产量高；晚熟；抗黑穗病、花叶病、宿根矮化病、白条病；中抗锈病；中抗茎螟
		N58	蔗茎产量高，糖产量高；中抗黑穗病；抗花叶病、宿根矮化病、锈病、白条病；抗茎螟
		N59	蔗茎产量高，糖产量高；中感黑穗病；抗花叶病、宿根矮化病、锈病、白条病；中抗茎螟
埃及(Egypt) [14]	糖料作物研究所(Sugar Crops Research Institute, SCRI)	GT54-9	长时间作为埃及的主要品种；中抗黑穗病、花叶病以及花叶条纹病；中抗钻心虫；高产；含糖量高
		Phil8013	中抗黑穗病；抗花叶病；无重大病虫害
		G84-47	中抗黑穗病；抗花叶病；无重大病虫害
		G98-28	中抗黑穗病；抗花叶病；无重大病虫害
		G98-87	中抗黑穗病；抗花叶病；无重大病虫害
		G99-160	中抗黑穗病；中抗花叶病；无重大病虫害
缅甸(Myanmar) [15]	农业部工业作物研究（Industrial Crops Research, Department of Agricultural Research）、农业部糖料作物分部（Sugar Crop Division, Department of Agricultural）	Co795	迟熟；中抗赤腐病
		K95-84	成熟度中等；抗赤腐病
		VMC74/527	早熟；抗赤腐病
		K84-200	成熟度中等；抗赤腐病
		K88-92	中晚熟；抗赤腐病
		PMA96-56	中熟；易感赤腐病
		PMA96-48	中熟；抗赤腐病
		PMA98-40	成熟度中等；抗赤腐病
		DAR4	晚熟；甘蔗收率高；抗黑穗病；中抗赤腐病；耐旱；不开花
厄瓜多尔(Ecuador) [16]	厄瓜多尔糖业研究中心(Sugar Research Center of Ecuador, CINCAE)	CC85-92	蔗茎产量高，含糖量中等；脱叶性中等；适应半干旱地区；抗橙锈病、黑穗病、花叶、黄叶病；高感褐锈病、宿根矮化病、白条病
		ECU-01	蔗茎产量高，含糖量高；少开花；抗橙锈病、黑穗病、花叶病、黄叶病；高感锈病、宿根矮化病、白条病
		Ragnar	蔗茎产量低；含糖量高；难开花；抗锈病、橙锈病、甘蔗花叶病、黑穗病、白条病；高感宿根矮化病、黄叶病

附录　甘蔗研究机构　173

续表

国家	甘蔗研究机构	主栽品种	品种特性
厄瓜多尔（Ecuador）[16]	厄瓜多尔糖业研究中心（Sugar Research Center of Ecuador, CINCAE）	EC-02	蔗茎产量高，含糖量高、大量开花、早熟、抗锈病、橙锈病、花叶病、白条病；中抗黑穗病；高感宿根矮化病、黄叶病
		EC-03	蔗茎产量中等；含糖量高；几乎不开花；抗锈病、甘蔗花叶病、黑穗病；中抗黄叶病；高感宿根矮化病
法属留尼汪（Reunion）[17]	法国国际农业发展研究中心（Cirad）、甘蔗研究与选种中心（eRcane）	R570	产量高；糖分适中；开花率低；高抗褐锈病；中抗黏胶病、抗白条病、黑穗病；中感黄斑病；分蘖良好；茎径良好；适应各种生长条件强壮品种；不适应海拔较高的地区
		R575	产量良好；糖分高；开花多；高抗褐锈病；中抗黏胶病、白条病、黑穗病；分蘖良好；茎秆长、直径大、节间长、脱叶性好；适合潮湿、全湿或灌溉区；含糖量高
		R577	产量中等；含糖量中等；开花少；高感白条病；抗黏胶病；发芽良好；易于脱叶；茎径良好；适合干旱和非灌溉的高海拔地区
		R579	产量高；糖含量高；开花少；高抗褐锈病、斐济叶瘿、黑穗病；中抗黏胶病、白条病；中等分蘖；在中后期有粗壮而密的茎；自然脱叶；适合海平面上的潮湿或灌溉区
		R581	产量高；糖分适中；开花旺盛；高抗斐济叶瘿；高感黏胶病；抗黏胶病；中抗黑穗病；在生长初期有良好的发芽率；生长迅速；分蘖好；宿根性强；根系发达；耐贫瘠；适合干旱的中海拔地区
		R582	产量高；糖分适中；开花适度；中抗黏胶病；感白条病；高抗黑穗病；发芽良好；宿根性强；分蘖强；中大茎；适合潮湿或灌溉区
		R583（R92/4031）	产量非常高；中等糖含量；不开花；感黏胶病、宿根矮化病；中抗白条病；高抗黑穗病；发芽良好；适合干旱和非灌溉的高海拔地区
		R584（R92/6246）	产量很高；糖分适中；开花适度；感黏胶病；中抗白条病；高抗黑穗病；大茎；分蘖良好；叶片薄且直；适合阳光充足的灌溉区
		R585（R92/0804）	产量高；糖含量高；开花少；高抗黏胶病；中抗白条病；感黑穗病；生物产量很高；茎秆很长；中小茎；宿根能力良好；纤维含量高；适合潮湿或灌溉区或低水分胁迫的区域
		R586（R95/4065）	产量高；糖含量高；开花少；中抗黑穗病；抗白条病、黏胶病；分蘖好；茎径良好、茎秆长、直立、轻微倒伏；高产情况下纤维含量相当高；适合贫瘠和干旱地区
越南（Vietnam）[18]	甘蔗研究所（Sugarcane Research Institute, SRI）	My55-14	蔗茎产量高；适应性广；晚熟；耐旱；中抗花叶病；高抗黑穗病；高感锈病、褐条病
		K84-200	蔗茎产量高；糖含量高；中晚熟；抗倒伏；适应性广；高抗黑穗病；高感赤腐病、枯萎病

续表

国家	甘蔗研究机构	主栽品种	品种特性
越南（Vietnam）[18]	甘蔗研究所（Sugarcane Research Institute, SRI）	新台糖10号	早熟；糖含量高；适应性广；中抗黑穗病、霜霉病、赤腐病；高抗白条病、感白叶病；高感叶枯病；感螟虫
		R570	蔗茎产量高；糖含量高；高抗黑穗病；中抗白条病；高感黄斑病；易受除草剂的影响
		新台糖22号	早熟；糖含量高；中抗霜霉病；高抗叶枯病、白条病、锈病；高感茎秆蛀虫、巨型蛀虫
		R579	糖含量高；抗流胶病、白条病、锈病、黑穗病；高感茎秆蛀虫、巨型蛀虫
		K94-2-483	蔗茎超高产；中熟；高抗黑穗病、中抗赤腐病；高感白叶病
		K88-92	蔗茎产量高；中晚熟；不开花；中抗黑穗病、赤腐病、黄斑病
		LK92-11	蔗茎产量高；糖含量高；早熟；中抗黑穗病、黄斑病、锈病、眼斑病；抗赤腐病；高感粉蚧
		K95-84	蔗茎产量高；中熟；中抗黑穗病、白叶病、黄斑病；抗赤腐病；易感白条病
		新台糖16号	糖含量高；早熟；适应性广；抗褐锈病、橙锈病；高感叶枯病、叶焦病
		CG×21（CG×94-119）	蔗茎产量高；糖含量高；早熟；高抗花叶病；高感黑穗病、耐旱
		K95-156	蔗茎产量高；中晚熟；抗倒伏；中抗黑穗病、白叶病、黄斑病；高感梢腐病
		CGD93-159	蔗茎超高产；非常早熟；高抗眼斑病、花叶病；中抗赤腐病、黄斑病；高感黑穗病；高感茎蛾螟、棉蚜
		CG×11（CG×73-167）	蔗茎产量高；糖含量高；早熟；适应性广；中抗赤腐病；高抗眼斑病、锈病；高感黄斑病
		VN84-4137	耐旱强；糖含量高；非常早熟；适应性广；中抗黑穗病、赤腐病、梢腐病；高感黄斑病
		K88-65	蔗茎产量高；中晚熟；抗倒伏；中抗黑穗病、赤腐病、黄斑病；易受除草剂的影响
		K83-29	蔗茎产量高；糖含量高；早熟；中抗赤腐病、梢腐病；高感茎蛾螟
		F156	蔗茎产量高；中熟；抗茎蚜虫；高感黑穗病；易受除草剂的影响
		KK3	蔗茎产量高；糖含量高；中熟；中抗赤腐病、黑穗病；高感褐斑病

注：另有国际甘蔗技师协会（International Society of Sugar Cane Technologies, ISSCT），该协会致力于推动甘蔗糖业及其副产品的技术进步、甘蔗种质考察和收集

附表二　国内甘蔗科研机构和甘蔗主栽品种[1,19]

甘蔗研究机构	主栽品种	品种特性
亚热带农业生物资源保护与利用国家重点实验室（State Key Laboratory for Conservation and Utilization of Subtropical AGRO-Bioresources）、广西大学（Guangxi University）、广西农业科学院甘蔗研究所（Sugarcane Research Institute，Guangxi Academy of Agricultural Sciences，SRI-GXAAS）、广东省科学院南繁种业研究所（Institute of Nanfan & Seed Industry，Guangdong Academy of Sciences，INSI）、云南省农业科学院甘蔗研究所（Yunnan Sugarcane Research Institute，Yunnan Academy of Agricultural Sciences，YSRI）、福建农林大学（Fujian Agriculture and Forestry University，FAFU）、中国热带农业科学院热带生物技术研究所（Institute of Tropical Bioscience and Biotechnology，Chinese Academy of Tropical Agricultural Sciences）	桂糖 42 号	早熟、含糖量高、高产；高感黑穗病；高抗花叶病；耐旱性强；抗倒性强
	新台糖 22 号	早中熟、含糖量高、产量高且稳定；宿根性差；中抗黑穗病；高感花叶病
	柳城 05-136	早熟、含糖量高、高产；高感黑穗病；高抗花叶病
	粤糖 93-159	极早熟、含糖量高、产量高且稳定；良好适应性；抗黑穗病、花叶病
	粤糖 94-128	中熟、高产稳产；中大茎、有效茎数多；宿根性强；病虫害少；耐旱性和抗风性较强
	新台糖 25 号	早熟、含糖量高、产量高且稳定；抗黑穗病、高抗花叶病
	粤糖 55 号	早中熟、高产；中大茎、茎数多；耐旱；抗倒性较强；粤糖发株早而多；宿根性强；可保留 4~5 年宿根
	粤糖 86-368	晚熟、含糖量中等、产量高且稳定；耐旱
	桂糖 46 号	早中熟、含糖量高、高产稳产；中大茎；宿根性好；感白条病、黑穗病；适应性广
	桂糖 29 号	早熟、含糖量高、丰产；中茎；宿根性特强；抗逆性强；适应性广；抗黑穗病
	桂糖 11 号	早中熟、萌芽率高、分蘖力强、宿根性好；蔗茎均匀、健壮、蜡粉厚、直立；耐寒、耐旱、适应性广、抗逆性强
	桂糖 44 号	早熟、高糖、高产；宿根性强、宜机收；中抗甘蔗黑穗病、高抗甘蔗花叶病、耐冷性较强、耐旱性中上、抗倒性强
	福农 41 号	早中熟、高糖、丰产；植株高大、中大茎；出苗率较高、分蘖较早；抗黑穗病、中抗花叶病、宜机收，抗倒、耐寒、抗旱性较强
	云蔗 05-51	早熟、高糖、高产；中大茎、易脱叶；宿根性好、分蘖强；高抗黑穗病、中抗花叶病、抗旱性强
	云蔗 08-1609	早熟；植株直立、蔗茎均匀、中大茎；苗期长势强、成茎率高、株型紧凑、脱叶性较好、宿根性强；高抗花叶病、中抗黑穗病、抗旱性强
	中蔗 6 号	中晚熟、高糖、丰产；植株直立高大、中大茎；出苗早且整齐、分蘖快且多、成茎率高；有效茎较多、无气生根、落叶性好、宿根性较强；高抗黑穗病、中抗花叶病、抗旱抗寒性强、抗倒伏、抗风折、适应性广
	中蔗 9 号	中晚熟、易脱叶、丰产；植株直立高大、中大茎；出苗早且整齐、分蘖快且多、成茎率高；前中期生长快，后中期保持持续生长、有效茎较多、无气生根、落叶性好、宿根性较强；高抗黑穗病、中抗花叶病、抗旱抗寒性较强、抗倒伏、抗风折、适应性广
	中蔗 10 号	特早熟、高糖、丰产稳产；植株直立、中茎、茎略之字形；出苗早且整齐、分蘖快且多、成茎率高；强宿根性、有效茎较多；高抗黑穗病、抗花叶病、较强的抗旱和抗寒能力、抗风折，非常适合全程机械化管理和收获
	中蔗福农 48 号	早熟、高糖、高产；植株高大、中茎、生长直立、茎弱 Z 字形；萌芽快而整齐、出苗率高、分蘖较早、成茎率高；前中期生长快、中后期生长稳健、有效茎较多、无气生根、宿根发株率高、宿根性强；抗黑穗病、高抗花叶病、抗旱抗寒性较强

本章参考文献

[1] 张木清，姚伟. 现代甘蔗栽培育种[M]. 北京：科学出版社，2021.

[2] Cursi D E, Hoffmann H P, Barbosa G V S, et al. History and Current Status of Sugarcane Breeding, Germplasm Development and Molecular Genetics in Brazil[J]. Sugar Tech, 2021, 24: 112-133.

[3] Ram B, Hemaprabha G, Singh B D, et al. History and Current Status of Sugarcane Breeding, Germplasm Development and Molecular Biology in India[J]. Sugar Tech, 2021, 24: 4-29.

[4] Afghan S, Arshad W R, Khan M E, et al. Sugarcane Breeding in Pakistan[J]. Sugar Tech, 2021, 24: 232-242.

[5] Khumla N, Sakuanrungsirikul S, Punpee P, et al. Sugarcane Breeding, Germplasm Development and Supporting Genetics Research in Thailand[J]. Sugar Tech, 2021, 24: 193-209.

[6] Herrera H E, Trejo-Téllez L I, Gómez-Merino F. The Mexican sugarcane production system: History, current status and new trends[M]. New York: Nova Science Publishers, 2017.

[7] Widyasari W B, Putra L K, Ranomahera M R R, et al. Germplasm Development, and Molecular Approaches to Support Sugarcane Breeding Program in Indonesia[J]. Sugar Tech, 2021, 24: 30-47.

[8] Wei X, Eglinton J, Piperidis G, et al. Sugarcane Breeding in Australia[J]. Sugar Tech, 2021, 24: 151-165.

[9] Hale A L, Todd J R, Gravois K A, et al. Sugarcane Breeding Programs in the USA[J]. Sugar Tech, 2021, 24: 97-111.

[10] Orozco H, Queme J. Sugarcane Improvement in Central America and México with Special Focus on Guatemala[J]. Sugar Tech, 2021, 24: 254-266.

[11] Luzaran R T, Engle L M, Villariez H P, et al. Sugarcane Breeding and Germplasm Development in the Philippines[J]. Sugar Tech, 2021, 24: 210-221.

[12] Ostengo S, Serino G, Perera M F, et al. Sugarcane Breeding, Germplasm Development and Supporting Genetic Research in Argentina[J]. Sugar Tech, 2021, 24: 166-180.

[13] Zhou M. History and Current Status of Sugarcane Breeding, Germplasm Development and Supporting Molecular Research in South Africa[J]. Sugar Tech, 2021, 24: 86-96.

[14] Mehareb E M, El-Shafai A M A, Fouz F M A. History and Current Status of Sugarcane Breeding in Egypt[J]. Sugar Tech, 2021, 24: 267-271.

[15] Aung N N, Khaing E E, Mon Y Y. History of Sugarcane Breeding, Germplasm Development and Related Research in Myanmar[J]. Sugar Tech, 2021, 24: 243-253.

[16] Castillo R O, Silva Cifuentes E. Sugarcane Breeding and Supporting Genetics Research in Ecuador[J]. Sugar Tech, 2021, 24: 222-231.

[17] Dumont T, Barau L, Thong-Chane A et al. Sugarcane Breeding in Reunion: Challenges, Achievements and Future Prospects[J]. Sugar Tech, 2021, 24: 181-192.

[18] Cao A D, Doan L T. Sugarcane Breeding, Germplasm Development and Supporting Genetics Research in Vietnam[J]. Sugar Tech, 2021, 24: 272-278.

[19] Qi Y, Gao X, Zeng Q, et al. Sugarcane Breeding, Germplasm Development and Related Molecular Research in China[J]. Sugar Tech, 2021, 24: 73-85.